全球政治圈、财经圈、社交圈风云人物
都在秘密使用的"精神名片"

林伟宸 ◎ 编著

气场
的惊人力量

THE ASTONISHING POWER
OF AURA FIELD

拥有强大而良好气场的人·哪怕今天还只是草根
却极有可能在明天成为·人群中一颗璀璨的明星

中国华侨出版社

图书在版编目(CIP)数据

气场的惊人力量 / 林伟宸编著.—北京:中国华侨
出版社,2011.4
ISBN 978-7-5113-1286-0

Ⅰ.①气… Ⅱ.①林… Ⅲ.①人生哲学–通俗读物
Ⅳ.①B821-49

中国版本图书馆 CIP 数据核字(2011)第 037289 号

气场的惊人力量

编　　著 / 林伟宸
责任编辑 / 梁　谋
责任校对 / 吕栋梁
经　　销 / 新华书店
开　　本 / 787×1092 毫米　1/16 开　印张/17　字数/247 千字
印　　刷 / 北京建泰印刷有限公司
版　　次 / 2011 年 6 月第 1 版　2011 年 6 月第 1 次印刷
书　　号 / ISBN 978-7-5113-1286-0
定　　价 / 29.80 元

中国华侨出版社　北京市朝阳区静安里 26 号通成达大厦 3 层　邮编:100028
法律顾问:陈鹰律师事务所
编辑部:(010)64443056　　64443979
发行部:(010)64443051　　传真:(010)64439708
网址:www.oveaschin.com
E-mail:oveaschin@sina.com

序

　　他的笑，有着十足的魅力，走到哪里他都能够成为焦点；他的身上有肯尼迪式的年轻魔力；他是一位有着明星气质的总统，成熟稳重，时而又流露出俏皮和幽默；他的一举一动都吸引着人们的眼球……不用再多说，你一定也猜到了他的名字——巴拉克·奥巴马。

　　如果非要用一个词语来概括奥巴马的魅力，"气场"无疑是最好的代言！因为不管从哪个方面来看，奥巴马绝对都是一个气场强大的人。曾经有位美国政客说道，奥巴马长着一副"总统相"，当他出现的时候，不管是眼神，还是气质，都有一股"霸气"，让你觉得他就应该是总统。除去外表上的气场，他的演说也彰显着无与伦比的气场，他有着"令政客嫉妒的嗓音"，能够充分调动现场的气氛，他的演讲中仿佛带着某种直指人心的魔力，每次都能够让听者激昂。演说时，奥巴马的气场似乎有着催眠和传教的功能，让人如痴如醉，欲罢不能。不管面对多少人演讲，他都能够让每个人感受到奥巴马是在对他一个人在演讲。

　　在总统竞选集会上，不管男女老少，不管是黑皮肤还是白皮肤的民众，都争相入场。只要奥巴马在台上振臂一挥，台下随即就给予强烈的反响，这一点就超越了竞选集会上所有的人。这就是奥巴马气场的威力，也是他胜利的砝码！

　　谈到气场的胜利，还必须要提到一个人——Lady Gaga。她是"雷人"的代表，充斥着大胆前卫和另类，甚至是常人眼中衣着暴露的不良少女。她可以把

自己打扮成一枚扎着蝴蝶结的圣诞礼物和好友泰然自若地喝茶，这种哪怕是在明星看来都无福消受的"混"搭，在她身上却像家常便饭一样随处可见。面对众人的批评和非议，她有自己独特的见解，从不畏惧人言。无论从穿衣打扮，还是言谈举止，她都有着与众不同的地方。有她出现的地方，少不了指责，但也绝不会缺少拥护者。

当然，Lady Gaga 并不是单纯地依靠标新立异的服装而博取他人的眼球，你不得不佩服这个女子那超凡的才能。她自小展现对音乐的高敏锐度，4 岁时无师自通的靠双耳聆听便学会钢琴弹奏，13 岁写下第一首抒情创作曲，隔年就在公开场合中拿起麦克风演唱；以超优的成绩，17 岁跳级进入纽约大学就读音乐学系，20 岁就受到 Interscope Records 唱片公司赏识，签入旗下给歌手或团体写歌谱曲。

超凡的能力加上"雷人"的外表，造就了 Lady gaga 无与伦比的气场！当她出现在舞台上的那一刻，她就是绝对的焦点，纵然同样都是明星，她的气场也绝对是最不一般的！

其实，不管是奥巴马还是 Lady Gaga，他们的胜利都与自身的气场有着密不可分的关联。这也正是我们这本书要说的关键，气场决定着一个人的命运，气场决定着一个人的成败。或许成为总统和明星这样的梦想，我们未曾做过，但是成功的理想你一定会有，成为他人眼中耀眼的对象，彰显个人独特的吸引力，这样的愿望你一定会有！

如果我说对了，那么这本书你一定要看，也值得你看！它会告诉你，气场到底是一种什么样的东西，它有着怎样的魔力？更重要的是，这本书会把影响气场、提升气场和利用气场的秘密传授给你。当你找到了自己的存在感，当你有了独特的气场，那么你的愿望和理想就会被你的气场慢慢地吸引过来，你会发现，这个世界上真的有如此神奇的魔力！

翻开下一页，气场的奥秘即将为你揭晓……

目　录

启蒙:揭开气场的奥秘

※ 第1章　古老、神秘的成功智慧 ※

> 世间万物都有气场,不同的气场带给人不同的感受。也许你曾经认为人的命由天定,认为运道是种玄乎微妙的东西。可是,当你了解了气场,知道了它的存在,那么过去一切看似神秘和不可思议的事情,都有了一个科学的解释。

01. 气场是"生命之源" ………………………… 2

02. 命理学与气场 ………………………… 4

03. 转运,气场的转变 ………………………… 6

04. 浩然之"气" ………………………… 8

※ 第2章　感受气场的力量 ※

气场是一种磁场，是一种带有魔法的能力，甚至是一种令人匪夷所思的魔咒。它如同一块磁铁，吸引与自己思想相和谐的人、状态及外在环境。当你的注意力或是所有的能量都集中在某一个方面的时候，不管这种注意力或能量是积极的还是消极的，你都在吸引着它们成为自己生活的一部分。记住：气场的神奇力量不是从天而降的，它隐藏在你的心里，关键看你是否能够巧妙地将它引爆……

01. 一股神奇的力量 ················ 11

02. 每个人都有属于自己的气场 ········ 13

03. 气场与个人存在感 ·············· 15

04. 感受你周围存在的气场 ·········· 17

※ 第3章　不同的气场，不同的命运 ※

当你渴望成为一个什么样的人时，渴望获得什么样的生活时，气场理论和吸引力法则就会同时发挥效用，让你通往这个目标的道路，没有任何险阻。不过，你要明白，这些绝非命运的安排，而是你改变自己的结果。相信自己能够成功，才能够展示出一种奋进和不凡的气场，若是先把自己定位为一个平庸者，最后也就只能是个平庸的人。成功与失败，就在于你脑子里的想法，在于积极还是消极的气场，谁占据上风，谁就起了决定性的作用。

01. 平庸与伟大的差别 ·············· 20

02. 内外相斥的气场 ················ 23

03. 找到与现实相匹配的自我 ·· 25

04. 你是你所想 ·· 27

05. 我行，我可以 ·· 29

拓展:影响气场的元素

※ 第4章　金元素与信念 ※

信念是一种动力,信念影响着气场。当一个人的信念变得积极并坚定之后,任何外界的因素都无法改变他的气场,他的生命就像被注入了一股巨大的力量,指引着他向积极的人生迈进。没有什么不可能的事,任何人都可以超越平庸,超越自我,前提是你的内心必须有坚定的信念。当你坚定了这份信念的时候,你不仅可以提升气场,还能够获得成功和幸福。

01. 信念创造的神话 ··· 34

02. 一切从改变信念开始 ··· 37

03. 手势"V"的力量 ··· 40

04. 写给囚犯的一封信 ·· 42

05. 谁给了他们成功 ··· 45

06. 格拉夫曼的"左手传奇" ·· 48

07. 谁都可以成为英雄 ·· 51

※ 第5章　木元素与个性 ※

　　每个来到这个世上的人，都获得了上帝赐给人类的恩宠，上帝造人时即已赋予每个人与众不同的特质，所以每个人都会以独特的方式来与他人互动，并感动别人。一个失去了自我个性的人，就像是海上一艘迷失方向的船，不管朝哪个方向行驶，都是逆风的。这样的人，无法锻造出自信、与众不同的气场，因为他们是盲目的。记住你就是你，没有人能够代替你，你也无法替代别人。秉持自己的个性，强化独特的气场，走到哪里你都是主角！

01. 有个性才能成为主角 ·· 54

02. 你不一定会输 ··· 57

03. 如果命运给你一个毒柠檬 ··· 59

04. 索菲娅·罗兰：谁也不模仿 ·· 62

05. 世界上不只一条路 ··· 65

06. 幸运的冒险家 ··· 67

07. 乔治·马歇尔的回答 ··· 70

※ 第6章　水元素与欲望 ※

　　这个世界上优秀的人很多，但有人气的并不多，因为多半人的气场都是残缺不全的，只注重外在的人气的追逐，却少了内在的势与格局。内在的势与格局，决定着一个人的外在。人生没有什么不可能做到的事，就看心有多大。有了成功的欲望，为了这个目标不断地努力，永远不把一次成功当成永远的成功，永远不让攀登的欲望停歇，就会成为一个气场强大且终会成功的人。

01. 不做聪明的平庸者 ··· 73

02. 像渴望空气一样渴望成功 ·············· 76

03. 乔布斯的欲望 ·············· 79

04. 找到属于你的磁石 ·············· 82

05. 我有一个梦想 ·············· 85

06. 野心的威力 ·············· 88

07. 名人的企图心 ·············· 91

※ 第7章　火元素与激情 ※

大多数人的失败，并不是因为缺乏智慧、能力、机会或是才气，而是因为没有以足够的激情全力以赴。那些气场强的人，往往都是充满激情的人。人们之所以会在第一时间注意到他们，往往是被他们的个人魅力所吸引。这种魅力不是指衣装打扮，而是一种由内而发散发出的气质，是热情，是责任感，是坚持。

01. 引爆身体里的激情 ·············· 94

02. 送信的士兵 ·············· 97

03. "对不起，我竟然把你忘记了" ·············· 100

04. 你也可以像他们一样 ·············· 102

05. 从激情球员到推销大师 ·············· 105

06. "现在不穿鞋，不代表以后不穿鞋" ·············· 108

※ 第8章　土元素与形象 ※

　　不管是谁，要想得到他人的关注，要想提升自己的气场，都不能忽略自身的外在形象和内在的学识。只有气度非凡、内外兼修的人，才能具备足够的吸引力和影响力。这些不是一日之功，尤其是内在的自我提升，只有让自己每一天都是全新的，不断地充实头脑，才能够让气场变得越来越强。

01. 总统选举输赢的背后 ·············· 111

02. 撒切尔夫人的打扮 ·············· 114

03. 琳达的改变 ·············· 116

04. 来个优雅的转身 ·············· 119

05. "丑女"的气场 ·············· 122

06. 不断更新内在的你 ·············· 124

修炼：凝聚超强的气场

※ 第9章　修炼由内而发的气势 ※

　　态度的好坏直接影响气场，它就像是一块磁铁，不管你的思想处于正极还是负极，你周围的一切事物都会受到它的牵引。好的态度得到好的结果，坏的态度得到不好的结果。上天给我们每个人都赋予了无穷的才华让我们去施展，关键看我们怎样去做。

01. 最吸引人的气场 …………………………………… 128

02. 谁改变了查理·华德的命运 ………………………… 131

03. 我们还需要不断修炼 ……………………………… 134

04. 打败你心里的魔鬼 ………………………………… 137

05. 总要试试才知道结果 ……………………………… 140

06. 不一样的生活 ……………………………………… 143

※ 第 10 章　锻造强大的感染力 ※

意志力是在这个世界上获得成功的唯一源泉，它在很大程度上决定了一个人气场的大小、强弱和正负。很多才华非凡的人，最终一事无成，甚至轻易地就被困难打败了，或是迷失了方向，只是因为缺乏意志力，在该坚持的时候选择了放弃。要想提升你的气场，首先就要提高意志力，只有强大的意志才能为你赢得更多的人生财富和幸福。

01. 成为伟人的秘诀 …………………………………… 146

02. 你可以坚持多久 …………………………………… 148

03. 在耐心中努力等待 ………………………………… 151

04. 有种修养叫做"忍" ………………………………… 154

05. 战胜你的弱点 ……………………………………… 157

06. 精神上的英雄 ……………………………………… 159

07. 收起糟糕的情绪 …………………………………… 161

※ 第11章 集聚悦服众人的声望 ※

个人声望,是个人魅力的一方面,也是造就统驭力的关键。个人魅力和气场算不上是权力,但它却比权力更胜一筹。如果你渴望自己能够服众,树立领导的威望,那么你的内外气场就该是一致的。只有严格要求自己,在言行上起到表率作用,才有鼓动性和号召力。正所谓:己欲立而立人,己欲达而达人。

01. 声望的价值 ……………………………… 164

02. 把握"关键时刻" ………………………… 166

03. 行动是最有力的语言 …………………… 168

04. 以身作则的影响力 ……………………… 171

05. 犹豫是气场的天敌 ……………………… 174

06. 无声的力量 ……………………………… 177

※ 第12章 渲染磁性的亲和感 ※

情感的号召力是一种气场,在它面前,就算是坚冰也一样能被融化。要锻造强大的感染力,很好地说服别人与你站在同一战线,那么在人们感到失意或是反抗、或是需要花费金钱和付出努力的时候,用情感去打动他们吧,这种力量会让他们与你的想法同步。

01. 不要小瞧"说" ……………………………… 180

02. 幽默的魅力 ………………………………… 183

03. 善用"我们"的力量 ………………………… 186

04. 情感是融化坚冰的阳光 …………………… 188

05. 避免无谓的争论 ·· 191

06. 向飞行员胡佛致敬 ·· 193

释放：以气场获得成功

※ 第 13 章 "浩然之气"铸就事业的成功 ※

影响力无声无形，却像是一种磁场，让人感觉到它的存在和力量。无论是名人、伟人还是普通人，都可以拥有影响他人的力量。只不过，相比较而言，那些有智慧、有能力的气场强大的人，往往更胜一筹。他们凭借自身的行为方式和气场，成为思维方式的颠覆者。

01. 塑造你的影响力 ·· 198

02. 不能说了不算 ··· 201

03. 站出来就是英雄 ·· 203

04. 有主见才有气场 ·· 206

05. 培养你的追随者 ·· 208

※ 第 14 章 "义气"叩开人脉之门 ※

好的气场不仅会给人营造一份难得的好心情，更是构筑人际关系、树立良好形象的一种不可或缺的因素。如果你想拥有完美的品格，想积累自己的人际关系，就该学会温和待人，用"义气"敲响别人的心门。

01. 气场铸造了人脉 ……………………………………… 211

02. 拔掉身上的刺 …………………………………………… 214

03. 学会由衷的赞美 ………………………………………… 216

04. 真诚:独一无二的品格 ………………………………… 218

05. 以宽容铺开人脉 ………………………………………… 221

06. 换位思考的同理心 ……………………………………… 223

※ 第15章 "和气"构建家庭和睦 ※

世界上有一种很美丽的语言,它不需要你夸夸其谈,更不需要你画蛇添足去粉饰,但它却能传递给别人最珍贵、最奇妙的气场,那就是和气。这种气场产生在一刹那间,就能够给人留下永久的记忆。平和欢愉的微笑能制造迷人的气场,让对方自然而然地感到亲切温暖,获得美好的心理感受。

01. 让微笑成为你的招牌 …………………………………… 226

02. 闭上那只挑剔的眼睛 …………………………………… 229

03. 聆听,爱的最高表现 …………………………………… 230

04. 你用什么影响孩子 ……………………………………… 232

※ 第16章 "淡然之气"体味安适的生活 ※

没有淡然之气,气场就是灰色的、极度散乱的,这样就无法体验到自我价值所在和生活乐趣,周围的人也无法体验到你本身的吸引力。相反,有了一份淡然的心境,就一定会气场饱满、魅力四射。气场本身就在我们的体内,只要你愿意,就一定能够充分地激发出它的全部力量!

01. 目标专一才有竞争力 …………………………………… 235

02. 放开内心绷紧的弦 ························· 237

03. 不争第一 ································· 240

04. 顺其自然,随遇而安 ····················· 242

05. 别为钱财所累 ··························· 244

06. 苦难之中的淡定 ························· 246

07. 学会减法生活 ··························· 248

08. 不过是从头再来 ························· 250

气场
的惊人力量

启　蒙
揭开气场的奥秘

※ 第1章 古老、神秘的成功智慧 ※

世间万物都有气场,不同的气场带给人不同的感受。也许你曾经认为人的命由天定,认为运道是种玄乎微妙的东西。可是,当你了解了气场,知道了它的存在,那么过去一切看似神秘和不可思议的事情,都有了一个科学的解释。

01. 气场是"生命之源"

气场,并不是今人的发现,从古至今一直都存在,甚至宇宙万物都具备独特的"气"。从古至今,对于五行的说法屡见不鲜,但很少提及五行中的"行"字。古人行文作词,每一个字都有讲究,"行"在古代是一种动态的描述,而"五行"即阐述金、木、水、火、土五种基本元素之间的运行关系。

世间万物,我们无法一一列举,甚至根本就无法逐个认清,只能够借助于物质的某些共性将其进行分类。为此,在讨论金、木、水、火、土之前,我们不妨以人对事物的感觉为基准,将自然界的万物分类,借助集合的形式表现出来:

A 集合:让人心生柔软或感受到生长的气息的感觉

B 集合:让人觉得热,像接近火一样的感觉

C 集合:让人产生潮湿的感觉

D 集合:让人觉得干燥的感觉

E 集合:让人感觉到清凉舒爽的感觉

上述的五个集合,能够将自然界的万物都容纳其中。比如,看到涓涓流淌的小溪,我们必然会感觉到清凉,那么小溪属于集合 E;再如,初春时节,小草从地上冒出,人们会感到喜悦,甚至体悟到一种生命不息的感觉,那么小草属于集合 A。

为什么我们看到不同的物体,会产生不同的感觉呢?

皮克·菲尔在其著作《气场》(*Charisma*)一书中也曾提到过:宇宙的运转产生气场变化,气场又影响物质的产生,驱动着它们的运行,东方古老的智慧与西方科学都在交叉证明着这样的事实。中医认为,不同的物质具有不同的"气",而这种气息会从物质的表面发散出来,使人产生各种不同的感觉。而物理学也经过试验证实,不同的物质周围存在不同的磁场,中医将这这种人能够感觉到的物质周围的场统称为"气"。不仅如此,中医还认为,不只物质的周围存在气,物质的内部每一个细小的部分也都存在"气",因此每一种物质都存在特殊的"气",并带给人特殊的感觉。

既然每种物质带给人的特殊感觉都是气的效用,因此,我们可以认为,上述的五个集合是按照物质的"气"进行分类的,即 A 集合具有柔软或生长之气;B 集合具有火热之气;C 集合具有潮湿之气;D 集合具有干燥之气;E 集合具有水一样的清凉之气。可以说,自然界的任何一种物质都必然属于上述的某一个集合,而这五个集合也描述了自然界中的所有物质。

世间万物存活于自然界中,不仅有自己的气性,还会与其他物质产生某种关联。无形的气场让物质相互作用,并且随之产生一系列的基本定律、生命发展演化的根本性规律。比如,一枝含苞欲放的花插在装满水的花瓶中,会慢慢开;若是将其扔在火盆里,很快就会死亡,化为灰烬。若是从气的角度来看,这说明属于集合 A 的鲜花与属于集合 E 的水与集合 B 的火之间的气存在某种关联:水对花的存活有利,而火对其无益。

从本质上说,五行理论中的金、木、水、火、土就是上述集合的名称,而这些元素的共性就是"气"。无论什么样的气,时刻都处于动态中,并与其他的气相

互作用。为此，人们将五种元素间相生相克的关系称之为"行"，而这种理论就是五行。

时间与空间始终处于不断的运行变化中，致使地球上的气场有了阴阳五行之分，并产生风、寒、湿、暑、燥、热，即六气。五行六气的相互作用，又使世间万物具备了特殊的气性。人与物的区分也正是从这里开始，人的气场以此为基础并包容在整个物的气场里面，同时人的气场又彼此交叉影响。

回顾一下，我们周围的一些人，带给我们的感受，的确有如不同的物质一样，让人产生不同的感觉。有的人低调深沉，有的人趾高气扬，有的人你一眼看上去就很想接近，有的人你接触了很久却仍旧心生厌恶。在与这些不同气场的人交往时，我们势必也会与他们的气场发生"反应"，或变得成熟，或变得热情，或变得亲切，或变得冷淡。

说到这里，我们能够得出一个结论：世间万物都有气场，气场对生命运动产生影响，并在一定程度上成为"生命之源"。

02. 命理学与气场

可能有些人对命理学知之甚少，实际上它并不难理解。古时算命先生常用"八字命理"以及"占星术"等推测未来发生的事，其实这都属于命理学的范畴。

有人提出："命"这个概念并不大，"命"只要大过于本人，即"我"，就足可以称为"命"。因为，它能够成为左右"我"的力量。然而，这里有一个问题：到底谁能够左右"我"呢？

天命不是"一切天定"这么简单和绝对，再者，也没有任何一个人甘愿听从"天命"，即便是算命算出了灾祸，他也绝不会坐以待毙，而是要求破解，甚至要求做些"法术"扭转乾坤。

孔子把对"命"的理解提高到"不知命，无以为君子"的高度，不仅对"命"有所敬，且有所畏。这是一种科学的态度，一种信仰的态度。如果人基本上能够做到"不怨天，不尤人"了，这是一个自然循环的系统，那么内心就有一种力量去对抗外界，这才是所谓的知命；而能够达到此般境界的人，内心往往都有一股强大的定力。

庄子的《逍遥游》中，也有过类似的描述："且举世而誉之而不加劝，举世而非之而不加沮。"这就是说，全世界都在夸你的时候，劝你往前走一步的时候，你却能够说我不会；当全世界都在苛责你，甚至说你做错了的时候，你却依然能够保持不沮丧的心情。很显然，这也是一种内心的定力。

当一个人内心有了这股强大的定力之后，那么他的外在表现则是：不会听任何流言飞语，不会相信命该如此，而是坚韧不移地做自己，进而形成一股强大的气场。别怀疑，你没有听错，就是气场！

所谓的命理学，它的基础正是气场之间的相互影响，操控一个人命理走向的，也是气场这只无形的手！别以为这是虚妄之言，前面我们说过，任何事物都存在气场，太阳与星球之间有气场感应，人与人之间也有气场感应，人生的成败得失，都与这个隐藏在黑色大幕后的气场有着密不可分的关联，只不过很多人没有意识到罢了。

命理学探索的是人生命运的规律，其理论源于宇宙间万物的气场感应，而气场感应则是具体的人与外部环境间的"能量交换"，这个过程是极为复杂的，但它却对人体生命运动的平衡起着至关重要的作用。外界的气场，大环境的气场，影响着个人的气场；而个人的气场，又在发散出电磁感应，影响着其周围的人。气场的变化决定着我们的方向和成败，并为我们构建了一个人生环境，然后在此基础上，才有命理学的产生。

当金融危机爆发的时候，它在世界范围内形成了一个巨大的气场，而这种气场不仅会直接影响到经济，甚至还能够影响到那些看似表面上与经济问题毫无关联的东西，比如家庭、人与人之间的关系，甚至一个人的内心想法。但是，它们真的毫无关联吗？不是。人体与与宇宙气场会进行物质交换，分成有形的和无形的两种方式。其中，心灵信息的传递就属于无形的，因此那种气场感

应也是无形的。这样讲来或许比较晦涩，举个最简单的例子：当金融危机爆发的时候，各大企业公司的效益会遭受牵连，与此同时许多人也会在这种"恐怖"的气场下变得恐慌，甚至迎来失业、降薪的噩耗，而这种恐慌和压力会直接影响他们的生活，以及他们对待家人、朋友的态度，甚至会导致一些家庭关系出现问题。有人会抱怨命运，祸不单行，实际上这都是气场在作怪。

再如，我们时常看到有的成功者感谢上帝，感谢命运的青睐。但是，当成功的奇迹诞生的时候，上帝却在观望。成功者并不知道，自己的成功实际上是源自自身的作用力。从命理学上来看，他的命运是被纳入了一个良性的成长轨道，帮助他成为万里挑一的佼佼者，这一切与上帝没有丝毫关系，完全是个人气场的作用。

这时，你一定明白气场有多么强大的威力，它是命理学的理论基础。当你发现了这个智慧之后，就要正确对待，顺应它的规律。当你能够控制自身气场的时候，就可以"知命"，并控制你的命理走向。记住：这绝不是痴人说梦。

03. 转运，气场的转变

古时，无论是兵家出兵迎战，还是平常人家喜结良缘，往往都会占卜算卦或看黄历，查看当天是否为良辰吉日，若结果显示不宜，人们往往会更改时日，从长计议。若是非要"逆天而行"，结果就真的可能招来厄运和灾祸。

时过境迁，现代人已经越发相信科学，但生活中仍然充斥着一些与占卜算卦相关的内容，譬如星座运势。当运势显示：某一星座之人，本周在工作上较为懈怠，易犯错；在人际关系上，可能与人产生冲突。结果，十有八九里面的一两条就真的"灵验"了。

遇到类似的情形，人们会坚定不移地相信：运道的确存在。那么，事实果真如此吗？

有人曾问香港命理学专家及风水师麦玲玲："上天真的给予了你神奇的智慧,让你看透别人的凶吉祸福吗?"她说:"不,人之命自有天机,但非天注定。天只是有把钥匙,这把钥匙就是环绕着人的气场,凶有凶场,吉有吉场,你我都能看见,只是大多数人都不会解读。"

在上一节中,我们也谈到了命理学,并得出相同的结论:人的命并非天注定。命理的走向如何,是一个人的内心能否有效地抵抗外界的纷杂万变,能够形成一股强大的气场。其实,运道也是如此。

一个原本缺乏信心或是正在苦苦努力追寻理想的人,在某个地方听到或看到"近日运势不佳",便会信以为真,并不断地暗示自己:最近就要走背运了。当一个人将自己全部的心思和精力都置于这样的消极暗示中,自然就会放弃努力,随之而来的各种麻烦或是失败。他会觉得,这一切都是自己走了"背运"的缘故,殊不知是他自己放弃了努力,使得周身的积极气场迅速发生了蜕变,成了一个担心失败却又在亲自制造失败的人。

相反,如果一个颓废的人,被暗示自己将要时来运转,那么他多半都会表现得更为积极主动,心中多一份希望和动力,这样的改变自然会给他带来一个较为完美的结局,至少一切都会比身处颓废的状态时要好得多。这时候,他也会信以为真地认定自己"时来运转"了。可天知道,其实是他自己的努力和改变,他从一个消极厌世的人变成了一个激情四射的人,完成了气场的转变。

这就是说,人的行为是能够改变运势的,暗示在其中起着决定性的作用。运势的作用,其实并不在于预测未来将要发生什么,而是用来进行心理暗示,进而影响一个人的气场,促使他们做出行为上的改变,或者变得积极向上,或者变得萎靡不振。运势并没有好坏之分,存在的只是个人的态度与行为,不同的心态和举动决定了不同的气场,而不同的气场最终又会给人带来不同的结局。

气场可以改变运势,但是,你千万不要认为气场是一生不变的护身符。

关于运势,总有人会提出这样的问题:"我明年的运势如何? 在金钱和事业

上会不会有大的改变？"他们很关心与运势有关的话题，甚至期待着依靠运势来实现自己的某些理想，譬如官运亨通。可惜，要告诉这些人的是，如果将官运作为最终的目的，最终肯定会失望。当自身的处境发生变化时，周围的诸多因素都会随之改变，这就是气场间的相互影响。即便他实现了这一目标，气场也会跟随他内心不断膨胀的欲望产生新的变化。有些是他期待的，有些却是与意愿背道而驰的。

气场和运势的关系不是静止不变的，有人觉得自己能够有所选择，随时作出最佳的选择，甚至认定自己有了完美的气场，就可以实现"野心"。事实上，这是一种认识上的误区。我们能够选择的不过是自己的本质，性格是内心气场的外在表现形式，有人终其一生都没能够将内心的欲望与合理的实现过程结合起来，还归咎于运气不佳；或者总想着投机取巧，变成一个名副其实的野心家。

还是要强调那一点：运势不过是一种心理暗示，绝不是命中注定一定会怎样。皮克·菲尔先生阐述了这样一个观点："命运"的本质决定因素，是指人生存环境中与人有直接或间接关系的各种要素相互作用的总和。它们形成了一个场，有着非常合理的运行规律；一个人的气场除了受内心的左右，通常还会取决于周遭这个场的环境，它会使人形成一个常态气场。

只有确立了一个正确的目标，有了积极的心理暗示，不屈服于消极的、悲观的暗示，将内心本质与外在行为有机地结合在一起，才能够形成一股强大的、积极的气场，从而把握住自己的命运，实现更好的发展。

04. 浩然之"气"

气场，可以展现出个人的品性与行事风格。当年，孟子见到梁襄王后，说道："望之不似人君，就之而不见所畏焉。"意思是说："远远望上去就不像一个国君的样子，走近了看，也没有什么使人敬畏的地方。"一国君子却"不似人君"，倒不是孟子轻率地以貌取人，而是梁襄王的气场不够，缺乏一股浩然之气。

孟子的弟子公孙丑曾问曰："老师的长处是什么？"孟子答："吾善养吾浩然之气。"

何谓浩然之气？用孟子的话解释大致如此：那是一种最伟大，最刚强的气。用正义去培养它，就会充满上下四方，无所不在。那种气，由正义的经常积累所产生，并不是偶然的正义行为所能获得的。只要做一件于心有愧的事，那种气就会疲软。所以我们必须要把义看成心内之物，去培养它，但不要有特定的目的，时刻将其记在心里，不能够违背规律地帮助它生长。

气场的基本单位是"气"。当一个人有了这种浩然之气，才能不为外物所动，无论是诱惑还是威胁，都能够处变不惊，镇定自若，达到"心不妄动"的境界。达到了这样的境界，自然也就具备了强大的气场。而梁襄王缺少的，正是这一股"浩然之气"。

浩然之气，是将天地之气含蕴于心，它不是个人的，而是天地精华，是古往今来凝聚起来的。有了这股气，才能在举止投足和言辞间，流荡出胸中那股独特而非凡的气息。有了浩然之气，才能够内心坦荡，散发出自信和坚定的光芒。浩然之气，是一种"心气"，集合了多种优秀的心理品质，任何单纯一种心理品质是无法构成"气"的，没有这股"气"，自然也就无法凝聚成内心的强大气场。

要具备最强大的气场，就必须善养"浩然之气"。浩然之气需要以心理品质做基础，靠品德来护养。我们不妨看看那些金字塔尖上的风云人物，他们强大的气场背后，无疑是伟大的人品在支撑着，只有良好的心理品质与人品相结合，才能够成就所谓的浩然之气。若是心理品质不成熟，自然无法彰显出一股气势；若是无法以德服人，那么气场再怎么强大也无法让众人心悦诚服。

浩然之气包括多种"气"，勇气也是其中之一。孟子曾提出过三种勇气，第一是侠士之勇，此为小勇，也就是维护个人的气节；第二是将帅之用，此为大勇，是不畏惧强者，心中坦荡；第三则是仁者之勇，此为至勇，是说善于自省，不惧承认自己的错误，勇于承担并改正。当自己认为道理是正确的时候，不管他人怎么说，都会坚持下去，义无反顾，展现出一股凛然正气。

　　金庸的小说《射雕英雄传》中有这样一个情节：华山论剑之前，裘千仞被瑛姑等人围攻，被指责滥杀无辜，而裘千仞则反驳说，谁手上没有沾过别人的血？结果众皆默然，唯有洪七公正气凛然地出现，坦然地说自己杀的这么多人都是死有余辜的。裘千仞听后，无话可说。洪七公之所以能如此，是因为他心中具备凛然的正气，内心无愧。实际上，真正的高手对决，比的就是气场。纵观现代社会中那些具备强大影响力的人，大多也都具备了无与伦比的气场。

　　浩然之气的养成并不是一朝一夕的功夫，而是靠平日的不断积累。更重要的是，浩然之气需要靠内心的修养，而不是从外而入。养成是习惯成自然，而不是故意装出来。这也是本书要说的，气场的养成不是依靠着外包装而展现的，它是一种由内而发的气质和气势。一切都要依靠主观的努力和改变，任何外在的力量都无济于事。只有在内心深处不断地修养，才能够形成浩然之气的思维习惯和行为习惯，建立起自己的强大磁场。

　　概括说来，气场自古以来就是一种神秘的成功智慧。唯有养成自己内心的浩然之气，将天地之气蕴含于心，才能够处变不惊，坦然地应对外界环境的突变，保持真实的自我，坚定信念，锻造出强大的气场。当你具备了积极的气场，就能无往不利。

※ 第 2 章　感受气场的力量 ※

气场是一种磁场，是一种带有魔法的能力，甚至是一种令人匪夷所思的魔咒。它如同一块磁铁，吸引与自己思想相和谐的人、状态及外在环境。当你的注意力或是所有的能量都集中在某一个方面的时候，不管这种注意力或能量是积极的还是消极的，你都在吸引着它们成为自己生活的一部分。记住：气场的神奇力量不是从天而降的，它隐藏在你的心里，关键看你是否能够巧妙地将它引爆……

01. 一股神奇的力量

你是否留意到：有时，你心里想要的东西会接连不断地出现在你眼前，你渴望发生的事情会神奇般的发生。比如，一个突如其来的消息给你带来了某种好运；你在街头行走的时候突然遇到了自己梦寐以求要见的人；在恰当的时间和地点遇到了一个满意的终身伴侣。你可能会觉得，真的是想要什么就来什么，太玄妙了！听上去有些不可思议，实际上，这都是气场的作用。

你可以说，气场是一种磁场，或是带有魔法的能力，甚至是具有神秘能力的魔咒。总之，气场的确是某种渴望，当你内心坚定了这个渴望的时候，它就会变得异常强大，无论做什么事都只奔着一个目标——内心的愿望。结果，你期待的成功就真的会朝你走来。

　　记住这不是什么巫术，如果你了解著名的吸引力法则，就会发现气场与之有着异曲同工之妙："你生活中的所有事物都是你吸引过来的！是你大脑的思维波动所吸引过来的！所以，你将会拥有你心里想的最多的事物，你的生活，也将变成你心里最经常想象的样子。这就是吸引力法则！"

　　我们可以这样理解：当一个人的注意力或是所有的能量都集中在某一个方面的时候，无论这种注意力或能量是积极的还是消极的，人们都在吸引着它们成为自己生活的一部分。电影《倒霉爱神》恰恰给我们展示了这个事实。

　　女主人艾什莉好比上帝的宠儿，始终受着生活的眷顾。随便买一张彩票就能够中头奖；在繁忙的纽约街头想要搭计程车，很快就有好几辆车都向她驶来；毕业后不费周折就在一家知名的公司做了项目经理。她的生活和工作，可谓是一路畅通，惬意而幸运的让人嫉妒。

　　男主人杰克好比世上的天然霉星，有他出现的地方就有霉运，医院、警察局、中毒急救中心，是他经常光顾的地方。新买的裤子看上去好好地，可一穿就断线；工作上他更没有艾什莉那么幸运，他不过是一家保龄球馆的厕所清洁员。

　　看到影片中这些零碎的片段时，众人不禁哑然失笑，但也会感慨：同样是人，怎么差别这么大？有人就是幸运，有人就是倒霉！其实，这不是运气的问题，而是人的气场在发挥作用。对于艾什莉来说，她的内心充满着对好运气的渴望，她所做的一切都在朝着好运的方向努力，积极的生活态度，自然给她带来惬意美好的生活。反观杰克，他为何就像一块倒霉的磁铁呢？那是因为他的潜意识里不断地提醒他，就快有霉运来了。于是，正如他所想得那样，倒霉的事真的接二连三地来了。在消极的气场作用下，霉运甩都甩不掉！

　　人的气场就是一块磁铁，能够吸引与自己思想相和谐的人、状态及外在环境。你的意识里想的是什么，那么它就会在你的生活中表现出来。你选择了什么样的思考方式，就会得到什么样的结局。这是一个规律性的问题，因为思想决定着人的状态，让人在心底做出一个决定，用这个决定指引着自己最初的愿景，在你开始行动之前，就已经形成了这样的气场。换句话说，如果你能够认识到这股神奇的力量,掌握了这个原则,也就能够把握住自己,驾驭自己,改变气场。若是你一辈子都认定自己是倒霉的,那你显然就将在自卑和哀怨中度过一生,你的气场也会变为灰色,所有的好事都会离你绕道而行,与你有缘的则是各种各样的坏事,你想干什么都会碰壁。这就是以往你不渴望,不想象,没有勇气去做出改变,让相反的气场占据了上风,决定了你的境遇。

气场的神奇力量不是从天而降的,它隐藏在每个人的心里,关键在于你是否能够巧妙将它引爆。要气场发挥出魔力,并不难。从现在开始,试着这样做:知道自己喜欢什么,不喜欢什么,清楚地了解自己想要的东西;重视你的愿望,将所有的注意力和能量都聚集到这个点上;接下来就很简单了,等待愿望实现。所以,让自己拥有期待吧,每个人都有这样的能力和机会成为幸运的、惹人注目的焦点人物,因为我们具备这样的潜质。试着让自己变得有内涵、有风度、做人做事明明白白,奇迹就会出现,这是真的!

02. 每个人都有属于自己的气场

你可以闭上眼睛,想一想你的家人、朋友、同事,甚至是一些你素昧谋面的人,比如电视上的一些明星,或者是那些叱咤风云的政界领袖、商界传奇,这些人都会在你的心中留下独特的印象:有些人的印象是的积极的、阳刚的、奋进的,有些人的印象是消极的、颓废的、阴郁保守的……这就是气场辐射所产生的影响。

每个人都有属于自己的气场。气场是人的一个独特的标签,是一种独特的感觉。可以说,气场就是每个人散发出的性格特质。每当我们接触到一个人,率先接触的就是他的气场。通常,我们不需要对这个人进行深入的了解,甚至不需要开口与之交谈,你就可以对这个人有一个整体印象上的判断,这就是气场的影响。

　　气场在人的身上普遍存在，但是每个人的气场又不尽相同，这就好比是人手心里的掌纹。但是，气场要比掌纹玄妙得多，因为即便是同一个人，在不同的心境、环境下，也会表现出不同的气场。

　　在你的事业、生活都顺风顺水的时候，你往往会表现出精力旺盛、气质逼人的姿态，这时候你的气场就会很强，你周围的人都会被你强大的其场所感染，在不知不觉中注视你；相反，如果你遭遇不顺，精神变得颓丧，你的气场就会很弱，很容易被周围的人所忽略。

　　通常，我们需要修炼的气场，都是通过自身正面积极、强大向上的综合魅力，带给周围的人或事的一种有益的吸引力和影响力。

　　积极的气场会带给人幸福与成功，帮助这些人成为事业与家庭两条战线的重要角色，让你魅力无限。当你往外散发出积极而又强大的气场时，你周围的人都会被你的魅力所吸引。用皮克·菲尔的话来说：

　　"积极的气场是一种类似彩虹的七彩光芒，非常绚烂，而当你心事重重或者身体不适的时候，那光芒就是浑浊的，七色就会缺失，这不是用任何一种护肤品或者化妆品可以遮掩得住的。长期维持一种积极或消极的气场，它对你一生的走向都会产生重大作用，尽管你很难抓住它，并把它放在显微镜下。"

　　也许，你觉得让自己的气场每一刻都强大地向外散发出彩虹般的光芒很不现实。但实际上这并不难。我们有很多种手段可保持自身气场的强大。

　　皮克·菲尔在他的《气场》(Charisma)里提到过一些关于气场的提升训练。这些训练也经常被一些企业用来训练提升销售人员的个人气质：

　　通常，我们会选定若干的男性和女性，按照性别把他们分成两组。每个人都有几分钟的时间去设计自己的最佳形象，然后由异性做出点评，选出最有吸引力的那一位。在这样反复的过程中，每个人都会对自己进行深刻的思考和自我剖析，找到自己的魅力之所在。

　　实际上，这样一种训练，就是为了帮助你找到自己的真正价值，发觉个人气场的不足，从而加以弥补，使气场得到提升。

　　当然，在这个过程中，外在的"包装"固然对气场的提升有一定的帮助，但决定你气场是否强大而稳定，关键还在于你的"内核"。

你需要通过修炼来补齐你身上的短板。"木桶效应"决定了你气场的强大程度，决定于你身上最明显的缺点，而不是你的优点。

对女人来说，粉底涂好、睫毛画翘，只可让妆容完美；对男人而言，西装革履、谈吐有度，只是外形过关，这些都不是气场的决定因素。因为外部环境的影响很容易就会使你的"包装"露出马脚，而一个人内心的强大和品位的高尚，却可以是他始终临危不乱、镇定自若的人。这样的人，他的气场也是强大而稳定的。

03. 气场与个人存在感

生活中，无论我们走到哪里，身处怎样的场合之中，都希望得到他人的关注，给予自己想要的东西，获得一种心理上的满足。其实，这就是个人存在感，也是每个人都在极力追求的东西。

存在感对一个人而言，到底意味着什么？简单来说，就是通过他人对自己的关注，发现自我的价值，了解自己最惹人注意、被人欣赏的地方，在未来更加有效地吸引他人的目光，让自己的价值给对方带来强烈的震撼。缺少了这种存在感，人的内心就会感到失落。

有人经常会这样抱怨："××（家人、伴侣、上司、同事等）根本不信任我，不管我怎么做，他都不满意。"实际上，这就是失去了他人的关注，找不到自身存在的价值。即便他真的是优秀的、能干的、美丽的，若是得不到重用，无法获得异性欣赏的目光，也势必会怅然若失。久而久之，这样的冷落和忽视的感觉会导致自卑，同时让人的心理变得更加脆弱。这就足以证明，存在感对于一个人的重要意义。

在一次好莱坞电影明星的豪华酒会上，到处都是奢侈的装饰品，还有众多

漂亮的女明星，以及美煞普通人的富豪和政客。然而，当一个女人登场的时候，会场的焦点聚集在她一个人的身上，所有奢华耀眼的事物都黯然失色。这个女人就是玛丽莲·梦露。每个人都被她吸引住了，目光一直追随着她，甚至很多人都情不自禁地朝她走去，希望与她握手、交谈，哪怕只是近距离地看看她也觉得无比荣幸。这就是玛丽莲·梦露的存在感！

玛丽莲·梦露能够拥有这样的存在感，并不是因为她头上那顶明星的光环，因为所有的与会者都是明星和商界政界有头有脸的人物，她能够在众人中脱颖而出，成为万人瞩目的对象，凭借的还是气场。气场，是一个人对自身存在的感知。玛丽莲·梦露在举手投足之间都散发出一股吸引力，在气势上压倒了所有的人，彰显出一股女王般的气场，这就是最强烈的存在感！

有些人得不到他人的认同，找不到自身的存在感，便会抱怨自己付出了很多行动，只是他人视而不见；或是选择哗众取宠，卖弄自己引起他人的注意。实际上，这样的吸引力只是暂时的，甚至起到相反的效果。真正有气场的人，从来不会这样做，也不需要这样做，只要他们一出现，哪怕什么都不说，只是安静地待在那里，他们一样会散发出耀眼的光芒，吸引众人的眼球。

曾经时任新加坡驻美国大使的ChanHengChee女士，尽管是一位六十几岁的老人，可任何一个看到她的人，都感觉她不过四五十岁而已。当她在华盛顿一家酒店出席晚宴的时候，尽管与会者众多，场地狭小，但她一出现，就赢得了所有人的目光。她仿佛天生就是主角，与容貌无关，与年龄无关，但人们就是会被她吸引。一个年过半百的女人，已经无法再凭借外貌和身材取胜，但她的存在感却丝毫没有减弱，这一切都有赖于她自身的气场。

要找到你的个人存在感，就要学会锻造自己的气场。气场不是天生的，也不是从外界学来的，它取决于后天的环境以及成长中不同的选择，以及不断地培养。这一切会决定你拥有怎样的气场。不必灰心，这个世界没有与生俱来天生的交际大使，也没有生来就魅力四射的人。当我们处于同一个起点的时候，我们是一样的，没有丝毫差别。然而，等到十年之后，二十年之后，却会有天壤之别。这里要说的就是：别浪费任何一分一秒，气场可以修炼！

学会欣赏自己，不要把别人当成自己的情绪稳定器，要拿自己当一面镜子，这对于提升气场，找到自身存在感尤为重要。

接下来，找到并感觉一下你的气场：温文尔雅的，知书达理的，特立独行的，性感而充满热情的。然后，你要做的就是，试着穿着与你风格相符的衣服，不要盲目地追求回头率，找到属于你的风格，一味地跟风只会让你丧失存在感。

当你的外在形象与内在气质相符时，你的气场能量才是正的。当你就是你自己，能够坚定自己的内心时，你就已经具备了独特的气场。当然，要使得气场彰显出强烈的威力，那还需要更多内在的修炼。

04. 感受你周围存在的气场

周一早上，你走进办公室，看到周围的同事或是带着烦闷的情绪，或是在焦躁地抱怨，这时候你很快就会发出消极的心灵感应，情绪也会受到极大的传染，感觉提不起精神，丧失了动力。相反，当你看到每一个同事都洋溢着微笑，忙碌而拼命地工作，便会萌生出一股奋斗的激情，即便是刚刚还想着偷懒，也很快就将这个念头打消了。可以说，不管是个人还是团队，他们的做事态度都会形成一种气场。而这种气场的属性，将直接影响一个团队的命运。

一个团队想取得成功，需要积极的氛围作为支撑。这样才能够在遇到困难的时候，相互鼓励和扶持，共同想办法去解决问题。如果团队中的每一个人面对难题，都抱着一种逃避和推卸责任的态度，只专注于个人的利益，为了鸡毛蒜皮的小事争得面红耳赤，结果只能是徒劳无功地耗损公司的资源，就算给他们设立一个很小的目标，完成的几率也值得怀疑。要想让这样一个团队与公司共渡难关，就更不可能了。

为此，作为个人和团队来说，在做事的时候，必须善于营造和维持一种积

极的气场。这并不单单是管理方法的问题，更重要的是激发团队人员潜意识的力量。好的意念和暗示，往往就能够带来好的结局。当消极的想法占据了人们的内心时，事情多半会变得糟糕。

罗森·鲍姆是新闻集团旗下的社群网站 MySpace 第一任首席财务官，同时他也是一位优秀的财物专家和管理专家。能够获得今天的成就，罗森·鲍姆坦言这一切都得益于一位叫彼得·林奇的人给他带来的启发。

20世纪70年代末，美国遭遇了严重的股灾，此时的罗森·鲍姆正在一家投资公司工作，而他的老板正是彼得·林奇。当时的情况很糟糕，股灾的到来就好比从天而降的炸弹，一瞬间的功夫，所有人都被"炸"得一无所有，每个人心里都压抑着一股无名的怒火。

罗森·鲍姆感觉到公司里充满了暴戾的气氛，他自己也被这种氛围闹得心神不宁，总想冲着人大吼，甚至摔打东西。因为，他担心失业。然而，作为公司的老板，彼得·林奇的行为却给罗森·鲍姆上了最难忘的一课。当所有人处在诚惶诚恐中时，彼得·林奇却拿着一块抹布，认真地擦桌子。他说，失控解决不了任何问题，只能让自己变得更加不理智。作为管理者，一旦失控，就可能让公司失去扭转乾坤的机会。唯有接受现实，才能够走出现实。

此后，罗森·鲍姆记住了这番话。不管他遇到多么糟糕的情况，都会选择忍，并且让自己在忍耐中找到乐趣和解决问题的方法。当他具备了这样一种积极而淡定的气场之后，他周围的人也会随着他一同接受现实，平静下来，耐心地寻求解决之道。

一个团队的领导者是否能够带领团队营造一个积极的气场，直接决定着这家企业是否具备了远大的发展前景。如果一个管理者首先在气场上输了，那么其他的员工就好比失去了主心骨，变得更加惶恐不安，甚至互相推诿和埋怨。所以，管理者要学会找出团队士气低下的具体原因，将所有的消极因素一一打消，并将其转换为积极的气场，这不仅可以拯救一个濒临危难的企业，也能唤起员工的斗志，让整个团队都具备强大的竞争力。

团队的气场要的是一股"势"，势不可挡，聚势一击。团队的冲击力，完全依靠着"势"的作用。要锻造团队的"势",就要先激发起各个员工的"势",让他们相信自己能够成功,充满自信和爆发力,这会直接影响他们做事的态度。积极的势形成积极的气场,即便还未做事,在他们心里却早已构想了胜利的场景。这样的意念带来的结果必将是成功。

感受一下你周围存在的气场:消极萎靡的气场缺乏创造力,你置身于其中,会感到压抑和烦闷,昏昏沉沉;积极的气场则充满激情,就好像你正要趴在桌子上睡一觉的时候,突然有人给你泼了盆凉水,让你时刻保持清醒和战斗力,向着胜利的目标冲刺。这一刻,给萎靡不振的团队浇一盆凉水吧,让它恢复积极的气场。别忘了,有了好的气场,一切都会改变!

※ 第3章　不同的气场,不同的命运 ※

当你渴望成为一个什么样的人时,渴望获得什么样的生活时,气场理论和吸引力法则就会同时发挥效用,让你通往这个目标的道路,没有任何险阻。不过,你要明白,这些绝非命运的安排,而是你改变自己的结果。相信自己能够成功,才能够展示出一种奋进和不凡的气场,若是先把自己定位为一个平庸者,最后也就只能是个平庸的人。成功与失败,就在于你脑子里的想法,在于积极还是消极的气场,谁占据上风,谁就起了决定性的作用。

01. 平庸与伟大的差别

不少人都曾在心里有过这样的疑问:"为什么别人的生活越来越好,只有我在混日子?""为什么有人能白手起家成为万人敬仰的富豪,我却没有这样的机会?"为什么?因为你没有主动向美好的生活靠近,你也从来都没有立下过成为富人的目标。

这样说来,有人也许会反驳:"我过去也是充满激情,想要成就一番事业的!只不过,现实太残酷了,我尝试着去适应,可越发茫然,结果就失去了自己。"

没错。提起如何面对生活?任何一个人都会毫不犹豫地想到积极拼搏,但事实上，能够真正这样做的人，却不多。于是，人与人之间就有了平庸和伟大之分。

碌碌无为的人，是因为缺乏目标和方向，他们就像浮萍，生来无根，随水漂流，始终处于被动选择的状态。他们的人生就像是浪费时间，一切都在听天由命，对待工作不积极，得过且过；他们的生活重心不是自己，而是对他人的依赖，屈服于他人的意志，别人怎么说他就怎么做，走每一步都是被动的。更糟糕的是，即便他们对现状不满意，也很少去反思"我要的是什么，以及我该怎么改变现状"，因为他们从心底害怕改变，总认为放弃现在的一切是一种巨大的冒险，哪怕是对生活作出细微的调整，他们也会感到惶恐。

这不禁让人想到了美国作家斯宾塞·约翰逊《谁动了我的奶酪？》（*Who Moved My Cheese*？），这本书告诉我们一个真谛：变是唯一的不变。先不要急着说这个道理你懂，如果你这样说，只能证明：你仍然惧怕改变自己。"奶酪"不过是一个比喻，它代表我们最想要的那些东西，如工作、金钱、爱情、健康、幸福等。在这个多变的社会中，人们时常会感觉自己的"奶酪"在变化，强烈的外在变化和内心的冲突相互作用，会让人茫然无措，对新生活无所适从。他们面对突如其来的变化，总担心"失去"，左右为难，没有勇气和激情去改变，久而久之也就懒得改变了。

生活中有太多这样亦步亦趋的保守主义者，他们总担心犯错，从不主动去改变什么，总在按照稳妥的、不易跌倒的方式小心翼翼地走着。这种人周身散发着一种僵化的气场，甚至可以说是"世俗"、"大众"、"普通"的，让人一看就觉得索然无味。

从平庸到伟大，从世俗到不凡，看似是遥远而悬殊的差距，可实际上它们只有一线之隔，那就是对成功有一个积极的态度，主动地作出改变。找到自己的人生核心目标，让自己所有的努力都为这个目标而努力。当发现自己走的路是错误的时候，不要听天由命，要积极地改变，知道自己该做什么。若是头脑中没有判断，总需要别人的指点，就永远也掌握不了自己命运的方向盘。而这一点，也正是建造气场的基石。

美国有个女孩,3岁时开始学习音乐,16岁考入丹佛大学音乐学院。在著名的阿斯本音乐节上,她突然发现自己实际上并不具备音乐的天赋,因为那些十岁左右的孩子,只要看一眼曲谱就能够演奏得非常流畅,而那首曲子她却要练上一年。

十几年的学习和努力之后,发现自己不是学音乐的料,怎么办?面对这样的现实,或许多半人会"将错就错",继续沿着这条路走下去。但这个女孩没有。她毅然决然地要改变自己的路。后来,她开始学习国际政治概论,她的导师发现她在这一领域很有潜质,细心地教导她,将她引向了国际关系和苏联政治学领域。

积极地改变,让她对自己充满信心。19岁时,她获得了政治学学士学位;26岁时,她获得博士学位。1987年,她在一次晚宴上的致辞得到了时任国家安全事务助理的布伦特·斯考克罗夫特的注意,凭借着这股自信和坚定,她在政界平步青云,最终成为美国历史上第一位黑人女国务卿。你一定也猜到了她的名字,康多莉扎·赖斯。

如果赖斯继续学习音乐,走那条已经走了很久的路,她顶多是个普通的钢琴家。然而,她是个善于自省并改变的人,她的内心告诉她:改变才是突破平庸的途径。

好的改变,会形成良好的惯性,也会改变一个人的整体气质。如果沉溺在自卑和平庸的状态中,一生也无法获得精彩;而改变会使一个人重新找到方向,带着积极的心态生活,形成积极的气场,最终改变命运。

如果你不满现状,也有过改变的想法和欲望,那就不要对现实充满恐惧,过着"身不由己"的生活。要知道,主动的改变在于行动,而这个"行动"也是超越世界上90%的人的秘密。没错,将积极主动的态度转化为一种恒久的人格,用行动改变不满的现状,能够避免人生陷入平庸的气场中。别再被动地面对命运的安排了,拿出主动改变你的气场吧!相信,内心的颜色变了,你的人生也将会从此换一种颜色!

02. 内外相斥的气场

仔细观察你会发现，不少人过着"违背内心的生活"。何谓"违背内心"呢？他们可能并不满意爱人的现状，却还要每天面对着他（她），并与之一起生活；他们可能很厌恶自己目前从事的工作，却又不能摆脱；明明内心苦闷不已，却还要坚持着做好每件事，压抑和烦闷占据了他们的内心，好像没有边际。这样的生活毫无乐趣可言，有的只是煎熬和挣扎。有时候，他们会感慨：人活着太累了！

为什么活得这么累？此刻的你内心是否也有类似的呐喊声？的确，很多人都在苦苦追寻着答案。任何一个人都有压力，这种压力一方面来自生存向我们的索取，另一方面则源于自身。这是因为我们对自己所做的事，所处的状态感到不安，这不是自己想要的，但却很难改变，所以才会滋生烦恼，不是吗？

这就是问题所在：一个人自身的内在气场与外在环境的气场，发生了相斥的反应。当一个人总在做自己不喜欢的事情时，他很难获得所谓的成就感。因为他所做的一切，都不是发自内心的渴望，内外相斥的气场，会让他始终处于左右互搏的状态中。这就如同两个自己在打架：理想中的自己想要往东，而现实中的自己却偏偏往西，互相拉扯着心，让人纠结。

当一个人抱怨目前的工作给自己带来了种种烦恼，这时候让他暂时放下工作，或是让他去从事另外一份不太"讨厌"的工作，他会感到稍微舒服一些。环境变了，外在的气场与内在的气场之间的相斥作用也就削弱了。然而，问题是想要真正消除内外相斥的气场，不是一件容易的事，真正能够突出重围的人，也少之又少。

用什么方法才能够彻底改变这种相斥的气场呢？有人说，在人生的所有的幸福中，有一种幸福最令人羡慕，但不是谁都能够拥有，只有少数人才是幸运者。多数人都在为了生计奔波，不得不干自己不喜欢的事；而那些幸运的人，能做自己喜欢的事，将工作与自己的爱好结合起来，这是件很幸福的事。这些幸运者，也往往是成功的宠儿。因为最想做的事，往往是最能干的事，这样就能够每天很有激情地去做，结果自然容易成功。事实上，这就是内在和外在的气场达成一致，从而爆发出的动力。

李彦宏是百度的总裁兼 CEO，在谈及自己的人生经历时，他说："成功的人生并没有统一的衡量标准，选择自己喜欢的事情坚持做下去，就是成功的。我自己整个成长的过程，我认为就是这样，从北大读书到赴美留学，再到创办百度，我慢慢学会了欣赏自己，我自己适合干什么，我喜欢干什么，我就去做什么。最后做了一点事，这件事情正好被社会所认可，满足感很强。"

李彦宏的执著、坚持使他对百度拥有了与生俱来的韧性和专注。在这条路上，他找到了喜欢并适合自己的东西，坚定了信念，不跟风、不动摇，使内心的憧憬与外在的行动表现出高度的一致，强化了内在与外在气场的统一，最终取得了成功。

当然，现实往往是不能够尽如人意的，但我们应该清楚，生活可以自己选择。当内外的气场暂时无法达成一致时，抱怨、自暴自弃都是徒劳，只能让自己陷入愈发焦虑和烦躁的情绪中，过得更加纠结和不快乐，甚至这种消极的气场会将我们的命运变得糟糕和悲惨。我们周围的环境是不可能主动做出改变的，也无法主动去迎合我们的内心需要，这时候我们能够选择的，就是改变自己的心态，让自己努力适应环境，这也是使内外气场保持一致的方法之一，而且是最重要的方法之一。当我们的心态变了，原本不喜欢的事可能会变成喜欢的事，而且这种积极的心态和气场也可能会在未来的某一时间，让我们找到了自己真正喜欢的事，或是得到他人的欣赏和重用，让我们有机会将爱好与事业结合起来，作为自己一生奋斗的目标，这是最完美的结局。

体悟一下自己的生活和内心，感受一下内外气场之间的作用力。接下来要做的，就是我们刚刚说过的，相信你已经很清楚了！别迟疑了，行动就是最快的方法。

03. 找到与现实相匹配的自我

古人云：人贵有自知之名。这句话告诫世人，要看清自己的内在与外在，形成和现实相匹配的自我的具象。如若不然，就会导致两种情况的发生，要么过分自信产生自负情绪，要么过于看低自己产生自卑情结。这两种情绪，直接影响气场。

自负的人，往往会给自己制定过高的目标，他们过分相信自己的能力，甚至把自己当成了万能的。他们觉得自己一定可以做成某件事，却不去想具体的环节及操作流程，考虑自己是否有"金刚钻"来包揽"瓷器活"。不得不说，这是一种盲目的乐观。自负的人，就好像一个鼓鼓的气球，只要用针一戳便会爆破。他们所具备的气场往往都是虚浮和轻佻的，缺乏质感。

石家庄造纸厂的马胜利，因为承包率高，一时间成为众人皆知的典范。他取得的成绩被媒体不断放大，而他自己也被胜利冲昏了头脑，一口气又承包了遍布全国各地的 100 家造纸企业，建立了造纸业的托拉斯。可是，身兼 100 个企业法人的职务，一年 365 天，他根本跑都跑不过来。不久之后，承包失利了，他的气场也不再"强"了，而是以"提前退休"的名义黯然出局。

再如，当年史玉柱因为卖汉卡而成名，受到地方和中央各级领导的大力支持。成功之后的他开始"飘飘然"，发誓要盖起"中国第一高楼"，随后又进入医药保健行业，声称要取代李嘉诚做华人首富。结果，这种虚华的气场没支撑多久，巨人就倒下了，史玉柱不得不东山再起。

与之相反的情况，则是自卑情结。自卑的人，往往会过低地评价自己，好像自己什么事都做不成。即便在外人看来，他在自己擅长的领域是个佼佼者，若能发挥潜能就可以平步青云，但他仍旧会在心底给自己贴上"我不行"的标签。一个自卑的人，又有何强大的气场可言呢？

那些在生活中不断碰壁的人，实际上就陷入了上述这两种状态中。看不清真实的自我，找不到合适的定位，做人做事都无法得其门而入。当所有的事情发生过后，才发现自身的不足和被忽视的优点。这对于修炼气场而言，无疑是两个天敌，甚至给人带来无尽的烦恼，将人引入地狱。

人都应当学会自我审视，只有在此基础上才能够超越自我。一个善于审视自我的人，从不会不切实际的幻想，也不会脱离客观实际的评价自我。他们总能够制定出合适的目标，释放出最大的能量，摆脱平庸无为的生活。善于审视自我的人，气场往往都是质朴与厚实的，收放自如。

亚里士多德说过："对自己的了解不仅是最困难的事情，而且也是最残酷的事情。"检查自我是一件不容易的事，它需要敢于并善于审视自我，努力摒弃自负、自卑、自私和自弃等弱点，在自省中提升自我，超越自我，最终养成内在的强者气质，展现出强者的气场。

该如何审视自我呢？皮克·菲尔在《气场》（ *Charisma* ）中提出：

"自我审视的过程，是对内心痼疾的寻找，对自身优劣强弱的全面检视。不仅作技能的分析，还要作灵魂的检阅，告别虚弱、浅薄与自大无知的自我！"

审视自我第一步：认识自身的优势所在，确定自己能够干什么。列举一下你的知识、技能、特长，这些能够决定你日后要走的方向。

审视自我第二步：总结自己的人生经验和工作资历。经验是人生的财富，也能够决定你的素质和潜力，以及未来的发展空间。

审视自我第三步：了解自己的特长。回顾你所做的事情，看自己最擅长做什么，有没有成功的经历，如何做到的？成功是偶然还是必然，是否在你的能力范围内？这样一来，你就能够发现自身的优势，并加以强化。你的优势，就是你最强大的气场。

审视自我第四步：正视自己的不足。人无完人，每个人都有性格弱点，尤其是内心的弱点，如缺乏创造力，不够果断等等。不要掩饰弱点，要学会面对，并减少它对自己的影响。此外，还要强化技能方面的知识和能力。

当众人都难以做到客观地看待自己时，大智大勇就是一种稀有的品质。人有了自知之明,并不断地审视自我,他的气场就一定是强大和坚硬的。这个世界上遍地是平庸者,强者少之又少,关键就在于此。

04. 你是你所想

布鲁斯·麦克莱兰(Bruce MacLelland)曾经提出这样一个概念:"你是你所想,而非你想你所是。"我们说的气场理论,也是如此。

人的命运,往往与其内心的渴望有紧密的联系;一个人最终取得的人生高度,很大程度上也取决于他内心的梦想是什么? 内心的想法决定了人的行为和生活,如果能够正确运用这一概念,命运也会发生神奇的变化。这实际上就是吸引力法则,我们的思想、言行等结合在一起形成一种能量形式,然后对与其同质的人与事物产生吸引力。如果你了解"物以类聚,人以群分",也就不难理解这一概念了,而这种吸引力本身就是一种强大的气场。

那些优秀的人,往往会对"自己的向往"产生吸引力。他们向往什么呢? 机会,成功。于是,你会看到,机会真的向他走来,而成功也成了他的囊中之物。都说性格决定命运,其实命运是和外界因素相互作用的结果,性格不过是它的产物罢了。成功非偶然,也不是老天有眼情钟于他,他得到的一切与上帝无关,因为它们都是他的气场吸引来的。

每个人的气场都会产生吸引力,如果是积极的气场,那必将产生积极的能量,吸引更多积极的东西,反之亦然。人的内心就好比一个能量库,从生到死伴随着我们。虽然它是无形的,但你却能够感受到它的存在。它可能创造奇迹,也可能将人推向毁灭的深渊,而这一切都取决于你的状态。换句话说,如果你的内心渴望得是美好的东西,那你的周身就会发出一股积极的能量;如果你自始至终都不相信自己能够取得成就,那么你就真的只能沦为不起眼的人了。

有句话说得好:现在你是谁不重要,重要的是你想要成为谁。无数事实在

验证着这个观点,你现在的处境和状态如何并不打紧,关键是你内心渴望成为一个什么样的人,渴望拥有怎样的生活?若是胸无大志,那你这辈子也不会有什么大成就;如果你十分渴望成功,那么很可能你的理想会在未来的某一天成为现实。听着很玄妙,对吗?其实,这都是内心的气场决定的,所有的秘密就潜藏在你的体内,决定着你的命运。

他是一名泰国华侨,儿时被父亲送回中国接受教育。因为家境贫寒,17 岁时他被迫辍学。返回曼谷后,他做过苦力,当过小贩和厨师,也为两家木材公司做过账目。日子清贫又辛苦,但他却始终不向生活屈服,他坚信自己有一天会有所成就。

四年之后,他从一家建筑公司的秘书,晋升为部门经理。随后,他又开设一家五金木材行。当手里有了一些积蓄后,他又开了三家公司,致力木材、五金、药物、罐头食品和大米等的外销业务。1944 年年底,他与其他 10 个泰国商人集资 20 万美元创立了盘古银行。最初,他负责银行的出口贸易,与亚洲各地的华人商业集团建立了紧密的联系,积累了大量的业务知识和经验,推进了盘谷银行的出口业务。后来,他出任盘谷银行的总裁,成为该银行的中流砥柱。

多年的艰苦奋斗没有白费,后来的他成为亚洲最大的富翁之一、泰国的头号大亨、泰国盘谷银行的董事长,他就是陈弼臣。

一个人想要得到某些东西,试图完成某一目标的时候,他的内心能量就会以合理的方式向外辐射。早期的陈弼臣只是个没有继承祖业,也没有飞来横财的普通人,但他的内心有一种强大的气场,那就是渴望做一个成功的人。他不听任命运摆布,最终凭借着这股气场终于找到了成功的机会,改变了人生轨迹。

当然,懂得了吸引力法则还不够,还要明白臣服法则。所谓臣服法则,就是当你明确了自己的目标之后,必须放弃过去固有的思维和行为模式,彻底臣服于你内心里正确的东西,思想向它靠拢,精神做好准备,就连说话的方式、思维的逻辑基础,都不由地臣服于它。只有调动全身的积极力量,这就是我们常说的,有了目标,更要付诸行动,抛开所有与目标相悖的因素,让自己心无旁骛。只有这样,才能够使内心的愿望一步步地朝你走来。

记住这个法则吧！当你渴望成为一个什么样的人时，渴望获得什么样的生活时，气场理论和吸引力法则就会同时发挥效用，让你通往这个目标的道路，没有任何险阻。不过，你要明白，这些绝非命运的安排，而是你改变自己的结果。

05. 我行，我可以

亨利·福特说："如果你认为自己行或不行，你常常是正确的。"这是潜意识的力量。

回顾一下过去发生的事，你会发现那些做成的事通常都是你认为自己能够做好的事，你认为不会发生的事也真的从未发生。这是因为我们在头脑中为自己设计好了未来的结果，而我们的潜意识就在朝着那个方向行驶。

如果你觉得自己能行，就会产生一种积极的意识，认定自己会成功；如果你觉得自己不行，则会产生消极的意识，结局一定很糟糕。生活中有很多类似的情形：某人得知自己患了癌症，医生告知可能还有几个月的寿命，但他并不消极，而是充分享受剩余的日子，最后他竟然奇迹般地又多活了几年甚至是十几年。当然，也有相反的情况，患者明明还能够活几年，却在几个月之后就离世了。这是因为他们在内心给了自己一种消极的暗示：不久之后我就要死了。于是，一切就真的发生了。

信心是一种积极的精神状态，也是气场之源，它需要不断的调整内心世界，接受无穷的智慧，并让智慧的力量配合自己心中的目标，最终如愿以偿。你可以看看那些成功的人，他们总是相信自己能够取得辉煌的成就，造就一股强大的气场。

从上个世纪初开始，无数人都渴望完成一个看似不可能完成的目标：在 4 分钟内跑完 1 英里。1945 年，瑞典人根德尔·哈格跑出 4 分 01 秒 04 的成绩，此

后的八年里没有人能够超越他创下的成绩。在这沉寂的 8 年中,就读于牛津医学院的罗杰·巴尼斯特却始终梦想着突破 4 分钟极限,他是个不服输的人,也坚信自己能够做到。终于,1954 年,罗杰·巴尼斯特超出了所有人的意料,跑出了 3 分 59 秒 04 的世界纪录,打破了关于极限的信念。

如果巴尼斯特内心的信念是虚弱的,那么他的气场就会被消极的暗示所占据。面对 8 年无人能够打破的记录,他一定会认为自己不行,无法超越别人。即便他具备了潜力,也会因为不自信而无法引发潜能。庆幸的是,他没有形成这样的消极意识,而是坚定了必胜的信念,形成了积极的气场,主动展现了自己的能力。

不可否认,人都有这样一种心理:当一项新的任务和挑战摆在眼前,尽管内心相信自己能够做好,但仍旧少不了担忧和害怕。

其实,自我怀疑是很自然的事,关键是我们要学会控制自己的思想,在关键时刻表现得从容,将自我怀疑转化为自信。千万不要因为害怕不好而不去做,反复地问自己:我行吗?万一出错怎么办?这样一来,你的自信就会被降低,能力也会随之减损。因为自信和能力是成正比例的。当一个人的自信变成零或负数的时候,他的气场就会荡然无存,这样的人你还指望他做什么呢?

不必担心紧张和害怕的存在,要知道任何人都有这样的时候,你要做的就是保证不让它们毁了自己。有位明星,每次演出前都非常紧张,他的痛苦是很多演艺界人士都有过的,只不过他的感受略微严重一些。他总是向制片人唠叨:"我总觉得我会出丑,把节目演砸……"可事实上,一到了演出的时间,他就恢复了常态,表演出让观众们叫绝的节目。不得不说,他就是一个善于将自我怀疑转变为自信的人。如果他没有这样的气场,一味地紧张恐惧,效果只会适得其反。

事实上,现实中的失败并不能够将一个人打倒,只有自我潜意识里的失败定位,才能够真正摧毁一个人的意志。失败了,可能是外界客观因素的影响,也可能是自身能力有所欠缺,这一切都是可以改变的。但是,如果在潜意识里主观认定"我不行",做事就会畏畏缩缩,这远比那些尝试过很多次仍无法避免失败命运的人,更可怜,更可悲。因为他们什么都没做,就已经彻底溃败了。

成功的关键是潜意识里要相信自己能够成功,这样才能够展示出一种奋进和不凡的气场,若是先把自己定位为一个平庸者,最后也就只能是个平庸的人。别再问怎么样才能够确保成功,也别再问什么样才能够知道自己会不会失败?生活中没有确定的事。成功与失败,就在于你脑子里的想法,在于积极还是消极的气场,谁占据上风,谁就起了决定性的作用。

如果你渴望成功,那就在心里多念几次:"我一定能行!"慢慢地你就会发现,你真的很棒!这就是"我行,我可以"的神奇力量!

气场
的惊人力量

拓 展
影响气场的元素

※ 第4章　金元素与信念 ※

> 信念是一种动力，信念影响着气场。当一个人的信念变得积极并坚定之后，任何外界的因素都无法改变他的气场，他的生命就像被注入了一股巨大的力量，指引着他向积极的人生迈进。没有什么不可能的事，任何人都可以超越平庸，超越自我，前提是你的内心必须有坚定的信念。当你坚定了这份信念的时候，你不仅可以提升气场，还能够获得成功和幸福。

01. 信念创造的神话

　　阿诺德·施瓦辛格出生在一个偏僻的小村，他很小的时候就有了自己的人生"规划表"：通过健美成为百万富翁，然后进入影坛赚更多的钱，娶个有名的妻子，最终成为政坛名人。

　　施瓦辛格年轻的时候，父亲一直希望他去踢足球，而他自己却执著于健美运动。父亲担心他锻炼过量，限制他每周只能去三次健身房，可他却把家里的一间空房变成了健身房。坚定的信念让施瓦辛格成了有名的健美运动员，直到从影前，他共获得了八次"奥林匹克先生"和五次"环球健美先生"的荣誉。

　　1968年，施瓦辛格来到美国，当时他所有的家当就只有20美元和一个运动包，当然还有他的梦想。后来，他在自己的著作《阿诺德，一个健美运动员的成长》一书中写到："我知道我是一个赢者，我知道我一定要做伟大的事情。"

　　在洛杉矶定居后，施瓦辛格已经不满足只做一个健美冠军，他开始朝着世界富豪的目标前进。起初，他为一家健美杂志写文章，接着又与朋友一同开办了一家健身房，并运用函授的方式讲授健美课程。他自己也去读夜校，同时到三所学校学习营销、经济学、政治学、历史和艺术。他相信只要努力，就可以实现理想。这种信念支撑着施瓦辛格，他不断地接受新的挑战。

作为健美运动员，施瓦辛格有极强的表演才能。1970 年，施瓦辛格拍摄了第一部电影《大力神在纽约》，从此开始了他的演员生涯。至今为止，他已经主演过近二十部动作片，引起了全世界的广泛关注。其中，最大的商业成功是《魔鬼终结者 2》，使他成为全球收入最高的演员。"魔鬼终结者"也成为好莱坞的经典形象之一。施瓦辛格的名字已成为动作片的代名词，这也是其他动作片明星所无法比拟的。当时，他拍摄的每一部动作片都可使他获得2000 万美元的收入。

渴望成功的人，会把自己的每一天都与成功的目标联系起来，明确每一天的成功目标会让成功到来的路径更加清晰。想要成功的人会将自己的每一天都和成功目标挂钩，明确到每一天的成功目标会让成功到来的路径更加清晰。

后来，施瓦辛格与肯尼迪总统的外甥女玛利亚·施莱弗结婚了，这让他的演艺生涯又多了一些传奇色彩。息影之后，施瓦辛格开始参与政治，并且参加了州长竞选。在演艺界的影响和成就使其于 2003 年 11 月 16 日起成为美国加利福尼亚州州长。

相信自己是一个成功者，从来都不怀疑自己，认定自己是赢家，这是施瓦辛格的人生信念，也是他的气场。因为有了这种对未来如此坚决的肯定，所以才一步步地实现了自己的理想。

拥有成功信念的人，不管出现什么情况，都能够排除万难，他们的气场告诉周围的人：没有什么不可能的事。就像忍受了宫刑的司马迁依然能够写出不朽的《史记》，就像坐在轮椅上的总统罗斯福依然能够左右世界，他们的生命中被设置了各种障碍，但他们的气场却一直都在，他们的信念推动着他们成功。

当然，仅仅拥有梦想和信念还不够，在信念与成功之间还有一个个具体的

小目标。目标比梦想更具体，有了信念只是告诉自己"我会成功"，但有了目标你会知道"我这个月要做成三项成就，我要在接下来的半年内达到什么样的水平"。于是，信念推动你制定目标计划，让你离成功越来越近。

拿破仑年少的时候，曾被贫穷却高傲的父亲送进了一所贵族学校。在那里，与拿破仑往来的都是一些夸耀自己富有而讥笑他穷苦的同学。对于他们的讥讽，拿破仑既愤怒又无奈，他屈服在权威之下。终于有一天，他忍不住写信告诉父亲："为了忍受这些人的嘲笑，实在疲于解释我的贫穷了。他们不过是在金钱方面高过我，若说高尚的思想，我远比他们都强。难道我应该在这些富有的人面前一直谦卑下去吗？"

父亲的回答简单而直接："因为我们没有钱，所以你必须在那里读书。"于是，拿破仑在那里忍受了五年的痛苦。期间，同学的每一次嘲笑和欺辱，都让他增强了决心，从那时候开始，拿破仑心里就有个信念：总有一天我要比你们都强！

到了部队时，同伴们都忙着赌博或是追求女人，而拿破仑却把所有的时间都用来读书，设法与他们竞争。因为图书馆里可以借书，这对于拿破仑而言非常有益，他可以免费充实自己，为理想中的将来做准备。那时候，拿破仑住在一个破旧的房间里，他孤寂、沉闷，却一刻也没有忘记读书。他把自己想象成一个总司令，在纸上画出科西嘉岛的地图，在地图上清楚地指出哪些地方应当部署防范，这是用数学的方法精确地计算出来的。为此，拿破仑的数学才能得到了很大的提高。长官发现拿破仑的学问很好，便派他在操练场上执行一些任务，而他每一次都能够完成得很好，于是又获得新的机会。就这样，拿破仑慢慢地走上了有权势的道路。

这时候，情形发生了转变。过去那些嘲笑拿破仑的人，如今都围着他，想分享一点他得到的奖励金；那些看不起他的人，也都成了他的朋友；而那些辱骂他矮小、没用的人，现在也都很尊重他。他们全部都成了拿破仑的拥戴者，拿破仑一下子变得很重要。

此后，拿破仑创造了奇迹：他指挥的五十多场战役，只有三场战败，连续五次挫败反法联军，歼灭敌军千万之众，在柏林、罗马、马德里甚至是莫斯科，都留下了他的足迹。在不到十年的时间里，拿破仑征服了大半个欧洲，册封了五个君主，灭了三个国家，他简直就成了当时的霸主。而这一切，都源于他最初的那个信念：我要比别人强！

拿破仑，从一个遭人羞辱的穷孩子，成为不可一世的军事家；从遭人嘲笑和讥讽，到受万人拥戴。这是他依靠着信念为自己换来的成功，也是他依靠着信念创造出的影响力。如果你觉得自己的气场还不够，还有待修炼，那就从给自己一个好的信念开始吧！当你内心确定了方向，你整个人就会变得不同！

02. 一切从改变信念开始

美国作家查尔斯到了 55 岁时，还没有写过小说，而且从未有过类似的想法。直到后来他向某国际财团申请电缆电视网执照时才有了这个念头。当时，一位朋友打电话说，他的申请可能会遭到拒绝，查尔斯有些紧张，他开始想自己日后该怎么办？查阅了一些卷宗后，查尔斯为自己写下备忘录，其中有十几句字体潦草的句子，写下了一部电影的基本情节。他在办公室里坐了一会儿，思索着是否该继续这样工作。最后，他拿起电话，拨通了朋友、小说家阿瑟·黑利的号码。

查尔斯说："阿瑟，我有个自认为不寻常的想法，想把它写成电影。你能告诉我，如何才能够把它交给某个经纪人或是制片商手里吗？"

"哦，查尔斯，千万别那么做。那条路子的成功机会几乎是零。就算你找到一个人，他采用你的想法并把它变成现实，你的故事梗概所得的报酬也不会很大。你真的确信那是一个不同寻常的想法吗？"黑利问。

"是的。"查尔斯回答。

"那么，如果你确信，哦，提醒你，你一定要确信，为它押上一年时间的赌

注。把它写成小说,如果你能做到这一点,你会从小说中得到收入,如果很成功,你就能把它卖给制片商,得到更多的钱,这是故事梗概远远不能做到的。"

放下电话后,查尔斯走出了房间,他一直问自己:"我有写小说的天赋和耐心吗?"当他这样沉思的时候,他越来越有信心去做这件事了。他仿佛看到自己在进行调查、安排情节、描写人物、开始撰写,然后不断地润色……查尔斯决定:赌上一年的时间。

一年零三个月之后,查尔斯的小说完成了。他的小说在加拿大的麦克莱兰和斯图尔特公司得到出版,在美国的西蒙公司、舒斯特和艾玛袖珍图书公司得到出版,在大不列颠、意大利、荷兰、日本和阿根廷得到出版。最后,它还被拍成了电影——《绑架总统》,由威廉·沙特纳、哈尔·霍尔布鲁克、阿瓦·加德纳和凡·约翰逊主演。

查尔斯一跃成了著名的作家,此后他又写了五部小说。

信念可以激发潜能,也可以毁灭潜能,就看你从哪个角度去认识。在仅有一个构思框架的时候,查尔斯的气场并不强,他一直怀疑自己是否有写小说的天赋。当他的眼前浮现出行动和结果的蓝图时,他的气场也变得强大了,因为他内心坚定了成功的信念。可见,一个人信念的转变,是气场转变的开始。

信念如何能够对人生产生这么大的影响呢?很多人都想知道这个问题的答案。信念是人生的引导力量,当我们的人生发生任何一件事时,脑海里必将浮现出两个问题:这件事情发生了,我是快乐的还是悲痛的?我该怎么做才能够得到好的结果?其实,这个问题的答案,全取决于自己内心的信念。

曾担任美国足联主席的戴伟克·杜根说过这样一段话:"你认为自己被打倒了,那么你就是被打倒了。你认为自己屹立不倒,那你就屹立不倒。你认为自己比对手优越,你就是比他们优越。你认为比对手低劣,你就是比他们低劣。因此,你必须往好处想,你必须对自己有信心,才能获取胜利。"

生活总是充满挑战的,甚至还有痛苦的遭遇,如果没有积极的信念作为支撑,一个人的气场就无法持续散发出强大的力量,它会在众多的挫折和失败面前一点点地被削弱。正如心理医生维克多·佛朗凯在奥斯维辛集中营的种族屠杀事件中发现的道理一样："人生十之八九是不如意的，其中甚至于有极为痛苦的遭遇，要想活下去非有积极的信念不可。"他发现，从那场惨绝人寰的浩劫中活下来的少部分人，都有一个共同点，那就是能够忍受百般的折磨，还能以积极的信念面对痛苦，他们相信自己会成为活生生的见证，警示世人不要让悲剧重演。

信念并不是自然生成的，也不是不可改变的。信念影响着一个人的气场，当一个人的信念变得积极并坚定之后，任何外界的因素都无法改变他的气场，他的生命就像被注入了一股巨大的力量，指引着他向积极的人生迈进。

提起 NBA 的夏洛特黄蜂队，我们不禁会想到那个穿着 1 号球衣，身高只有 160 厘米的博格斯。他之所以受人关注，不仅是因为他个子矮，更因为他杰出的表现。作为后卫，他不仅控球一流，远投精准，而且在巨人阵中带球上篮也毫无所惧。

博格斯从小就很矮，但他对篮球的热爱却到了疯狂的地步，几乎每天都能看到他和同伴们在篮球场上打球的身影。当时，博格斯的心里就有一个梦想：有一天去打 NBA。因为 NBA 的待遇高，社会评价高，更是所有喜爱篮球的美国少年最向往的梦。同伴们每次听到博格斯的理想时，都会忍不住嘲笑他，甚至还有人笑得倒在地上。他们"认定"，一个身高只有 160 厘米的家伙是不可能打 NBA 的。

别人的嘲笑声和蔑视，并没有浇灭博格斯的志向，他反倒更加坚定了自己的决心。此后，他比别人多花几倍的时间来练球，最终成了全能的篮球运动员，也成为最佳的控球后卫。他的矮个子成了自己的优势，因为他行动灵活，运球重心低，不易失误；个子小不引人注意，也往往能够抄球成功。

后来，博格斯凭借出色的个人能力成为有名的球星，而那些从前嘲笑他不可能进 NBA 的人，现在却常常炫耀自己曾经与他打过球。

坚定地相信自己，绝不容许任何东西动摇自己有朝一日必会成功的信念，这是所有取得成就的人的基本素质。人首先要看得起自己，别人才会高看你。在一个人的信念系统中，如何看待自我非常重要，这也是提升气场的关键点。

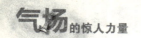

你觉得你行，你就真的行；你放弃了自己，就只能失败。

还记得吉尼斯世界推销纪录创造者美国人乔伊·吉拉德吗？他曾经在一年中创造了平均每天零售推销汽车四五部的纪录。当初他去竞聘汽车推销员时，经理问他："你推销过汽车吗？"吉拉德回答说："我没有推销过汽车，但我推销过日用品、家用电器。我能成功地推销它们，说明我能成功地推销自己。我能将自己推销出去，自然也能将汽车推销出去。"

看到了吗？这就是信念带来的气场。因为自信，才会相信成功，才会坚持到底，不达目的决不罢休。如果你想改变自己，那就从改变信念开始吧！

03. 手势"V"的力量

二战末期，法国沦陷区的战俘营里，一名德国军官把一位盟军的战俘打得皮开肉绽。战俘营里的盟军士兵的脸上写满了愤恨，眼神里充满了悲愤和无奈。

这时，被殴打的盟军士兵突然昂起头，慢慢地举起凝着血痂的手，用中指和食指比画出一个"V"字（"Victory"胜利的标志）。刹那间，盟军战俘的手指上凝聚起了一股强大的力量，实际上就是气场，这股气场传递出了必胜的信念。战俘营内的盟军战俘顿时被这种气场感染了，战俘营里人群轰动起来。

德国军官震怒了，他命令手下砍去这个战俘的手，战俘痛得昏迷过去。战俘醒过来后，艰难地站起来，鄙视地看着德国军官，然后脸上带着微笑，面对着人群突然他伸出两支已无手掌的血臂，组成一个大大的"V"。瞬间，全场变得死一般沉寂，片刻之后，又像海洋一般翻腾了。

一个普通的战俘，之所以能够凝聚巨大的气场，就在于他本身拥有对胜利无比坚定的信念。人，一旦拥有了无比坚定的信念，便会在心底里埋下释放气场的引爆器，当信念达到特定的程度，便会引爆释放出强大的气场。

在我们所生存的世界里，有许多人做出了让人无法相信的伟大事业。这些伟大的人物都拥有一个共性：都具有对人生、事业无比坚定的信念。这种信念会凝聚出一个无比强大的气场，保护他们不为各种干扰所左右，朝着既定的大目标勇往直前。

有这样一位盲人，她用信念散发出一股顽强的气场，每个与她接近的人都会被她强大的气场所笼罩、感染——她就是海伦·凯勒。

1880 年的 6 月 27 日，海伦·凯勒出生在美国亚拉巴马州北部的小城镇——塔斯喀姆比亚。幼年时期，一场猩红热夺去了小海伦的视力和听力。这个可怜的孩子从此陷入了黑暗、寂寞的世界。

困境中的海伦没有绝望，反而接受了生命的挑战。

在导师安妮·莎莉文的帮助下，海伦·凯勒学会了读书和说话，并开始和其他人沟通。最关键的是，安妮·莎莉文将自己的"爱与奉献"灌输给了海伦·凯勒，这种信念影响了海伦·凯勒的一生。后来海伦·凯勒有这样一句非常形象而生动的话："当一个人感觉到有高飞的冲动时，他将再也不会满足于在地上爬。"

在信念的支撑下，不可思议的事情发生了。海伦成功地在美国哈佛大学拉德克利夫学院完成学业，成为一个学识渊博，掌握英、法、德、拉丁、希腊五种文字的著名作家和教育家。随后，她走遍美国和世界各地，为盲人学校募集资金，把自己的一生献给了盲人福利和教育事业。

海伦用她无比坚定的信念奔走呼告，每一个人都被她强大的精神气质所感染，慷慨解囊，帮助她建起了一家家慈善机构，为残疾人造福。海伦·凯勒也成为了一个时代的偶像。

我们可以把海伦·凯勒的事业称为人性的光辉，但海伦·凯特能够取得如此伟大的成就，除了她在从事一项伟大的事业之外，关键在于她的身上存在着强大的气场，让每一个与之接触的人愿意帮助、加入到她的事业中去。海伦之所以能做到这一点，是因为她对生活有无比坚定的信念。

人的潜在意识一旦完全接受自己的要求之后，他的要求便会成为创造法

则的一部分,并自动地运作起来。人必须相信自己所想要完成的事。这样,就会在自己的潜意识中得到真正的印象,而自己的潜意识也会因印象的程度而适当地作出反应。

信念是一种动力,而坚定的信念是一种更有价值的动力,它可以让一个人坚持不懈地去努力,完成心中的目标。如果信念不够强烈,不够坚定,那么在遭遇困难的时候,就无法促使人们拿出勇气和付出行动,扫除横在前面的障碍。一般程度的信念在某些时候能够发挥一定的作用,但有些事必须要达到强烈的信念那样的程度才可以成功。在现实中,投身于海伦·凯勒从事的伟大事业中的人也有不少,但是他们终究没有取得像海伦·凯勒那样伟大的成就,就是因为他们没有海伦·凯勒那样坚定的信念,无法形成一个强大的气场,更不用提像海伦·凯勒那样用自己强大的气场去影响和说服别人。

这就是气场的力量,这就是信念的影响力。信念影响气场,要想使自己气场强大,本身就需要建立一股强大的信念。很多时候,若一个人确实能在潜意识中认定可能办成,事情就会按照他信念的程度,从潜能中产生出极大的力量来。此时,即使表面看来不可能办成的事,也可能办成。

04. 写给囚犯的一封信

艾拉就像一个超人,她总是充满活力、朝气蓬勃地出现在家人和朋友面前,平日里她帮助孩子洗衣做饭,偶尔出去打打网球,还为一家报纸写专栏。

艾拉喜欢热闹,每周都邀请朋友来家里做客,花几个小时做小点心,摘一些鲜花放在屋子里,把家具重新布置,让朋友们跳舞玩乐。当然,最爱跳舞的那个人还是她自己。每次聚会时,艾拉都会好好打扮一番,漂亮的黑裙,再搭上高跟舞鞋,成为最美丽的女人。

当艾拉过完 30 岁生日的时候,她的生活变了。她的身体里长了一个良性的脊椎瘤,艾拉从此瘫痪了,再无法恢复从前的样子。

不过,艾拉并不沮丧,她乐观地接受了自己的处境,从不怨天尤人。每天,艾拉都努力学习关于残疾人士的知识,成立了一个名叫残疾社的辅导团体。后来,艾拉主动要求到监狱去教授写作。每次她去监牢,囚犯们便围着她,专心地听她讲述。即便在她无法去监狱的时候,她也会给囚犯们写信。艾拉曾经给一位叫做希瑞的囚犯写过这样一封信:

亲爱的希瑞:

接到你的信后,我时常会想到你。你提起被关在监牢多么难受,我真的可以理解。这个世界上,监狱有很多种。我30岁时,有一天醒来后,发现自己瘫痪了。想到自己被囚在躯体内,无法再跳舞,无法再站起来拥抱我的孩子,我无比痛心,我觉得自己失去了很多东西。

此后不久,我突然想到:我不能站起来,但我还能选择自由,我还可以运用我的自由意志。于是,我决定充实地生活,超越身体上的缺陷,为孩子做个好榜样。

希瑞,自由有很多种,当我们失去一种之后,就要寻找另外一种。你可以选择看着铁窗,也可以选择透过它看外面的世界,你可以成为囚友的榜样,也可以与那些捣乱分子混在一起。你可以去爱上帝,也可以不理他。这一切,都在于你内心的选择和你的信念。

这样看来,希瑞,我们的命运是一样的。

艾拉是个平凡而又伟大的女性,如果她的内心没有坚定的信念,她不可能在瘫痪后还能够笑对生活,更无法谱写出如此华美的生命乐章。我们没有看到希瑞读这封信时的样子,但我们可以想象到,他一定会被艾拉乐观而顽强的气场感染。生命之歌要唱得激荡人心,必须有坚定的气场来谱曲。当你相信你能够过来的时候,那么生命的主动权就在你手上,就连上帝也会拉你一把。

信念并不是深不可测的东西,它比其他东西都浅白,就是相信自己,相信自己确定的目标,相信自己具备实现这一目标的能力,相信最终会胜利。有了信念,内心就能够凝聚出强大的力量,无论说话还是办事,都会彰显出一股不

可阻挡的气势，而这种力量就是最强大的气场。信念会让他充分发挥自己的潜力，做出最好的成绩，对于任何事情都有自己的主见，从不会人云亦云，更不会优柔寡断。如果一个人的信念被磨灭了，或是从未有过信念，他对一切都会畏首畏尾，总是挺不起胸、抬不起头、迈不开步，每天都在浑浑噩噩中度过，感受不到人生的幸福和快乐。这样的人，你会喜欢他身上散发出的气场吗？

　　一个从未有过坚定信念的人，也许根本不知道信念的威力有多大。但是，人生中很多事情未必一定要亲身经历，有时候从他人的故事中，我们一样可以找到答案。

　　1951年，世界著名游泳选手弗洛伦丝·查德威克，只身一人横渡了英吉利海峡，创下了令人瞩目的记录。时隔两年之后，她又决定挑战极限，从卡德林那岛游向加利福尼亚。

　　就在进行挑战的那一天，当她游近加利福尼亚海岸时，她已经被冻得发抖，嘴唇也变成了绛紫色。她已经在水里游了16个小时，当时海上雾气很大，根本看不到海滩，甚至连那艘伴着她的小艇也难以辨认。查德威克觉得自己已经筋疲力尽了，在茫茫的海上看不到终点，她失去了继续向前游的信念，她觉得自己再也支撑不下去了。于是，查德威克向小艇的人求救："我不行了，拉我上来吧！"

　　小艇上的人鼓励她："不要放弃，目标就在前面。只有1英里了，坚持住！"

　　浓雾遮挡了查德威克的视线，让她看不到目标，同时浓雾也遮住了她内心的强烈信念，她觉得别人是在骗自己。于是，她又向小艇上的人发出求救。就这样，浑身湿淋淋、冻得瑟瑟发抖的她被拉上了小艇，而这时候，距离海岸只有1英里的游程。

　　这件事之后，查德威克认识到，原来她的失败不是因为大雾，而是她内心的信念不够坚定。浓雾只能遮挡一个人的视线，但失去了信念却会迷失心灵的方向，会让自己失去信心，然后成为失败的俘虏。

　　两个月后，查德威克再一次向加利福尼亚海岸发起了挑战。这一次，浓雾依然在她周围，海水依然冻得她嘴唇发紫，海岸依然是"遥不可及"。但是，查德威克坚持了下来,她一次次地告诉自己:"陆地就在前面。"这种信念,在她的心里变成了永不停息的力量,推动着她不断向前游,最终获得了成功。

坚定的信念铸就了顽强的气场,让查德威克在第二次挑战中战胜了内心的恐惧和失望,征服了海峡,征服了自己,震撼了无数人。这种气场完全是由信念在控制,信念的坚定与否决定了气场的大小、强弱和正负。有了坚定的信念,就不会轻易被打败,就不会在十字路口迷失方向,更不会在需要坚持的时候放弃前进。

任何人都可以超越平庸,超越自我,前提是你的内心必须有坚定的信念。当你坚定了这份信念的时候,你不仅可以提升气场,还能够获得成功和幸福。

05. 谁给了他们成功

男孩出生在旧金山的贫民窟,在他四岁的那年,父母离异了。母亲每天外出做苦工,为了养活他和其他的兄弟姐妹。男孩六岁的时候,突然患了软骨病。家里没钱给他治疗,只能自制夹板夹住他的双腿。病痛和夹板的双重折磨,让男孩的腿渐渐萎缩了,他的双脚向内翻,小腿细得吓人。

后来,男孩因为参与犯罪被拘留。虽然只关了他几个小时,但他却明白了一个道理:犯罪是可耻的,以后再不会这样。

一次偶然的机会,旧金山飞人棒球队的运动员威利·梅斯基邀请一些贫苦的孩子到他家中做客,这个男孩也在其中。梅斯基对男孩说:"你要努力工作,不要做违法的事,把精力用在体育运动上。"男孩记住了梅斯基的话,把精力用在体育运动上,做个像样的人。可是,他没有钱。为了赚钱,他卖过报纸,帮人打过渔,到火车站给人装卸过行李,还在商店卖过东西。

在做这些事的同时,他也不忘去附近的中学打橄榄球。他爱上了学校的环境,萌生了上大学的愿望,为了实现这个理想,他又去给人当司机赚钱。然而,

在一次运货途中，他因为睡觉打瞌睡把车撞坏了，因此而失业了。即便如此，他仍旧没有忘记自己的信念。后来，他不断地练习橄榄球，因为技术超群，表现非凡，一时间名声远扬，成为美国杰出的运动之一。这个男孩就是辛普生。

出生在贫民窟，身患疾病，却能够成为杰出的运动员，赢得万人的瞩目与喝彩，辛普生依靠的就是内心的信念。当信念在他心底扎根的那一刻起，他在潜意识里就已经形成了成功的愿景，这种信念和坚定让他的周围充满了积极的气场，帮助他克服了重重困难。

有人说，当一个人对自己给予了本质上的肯定，他就具备了成功的可能性。这实际上也是信念的力量。当我们年幼的时候，往往有着强烈的自尊心和自我信念，相信世界受自己的支配。于是，你总能在他们的口中听到这样的话："我以后要当科学家"、"我要做一名医生"、"我要当演员"，他们的幻想，其实就是一种信念。

可惜的是，等到我们长大后，这种良好的自我信念可能就会变得不再强烈。因为外界的条件和周围的人们不断地告诉我们："你不可能成为科学家，你也不可能当上演员，你以为你是谁呢？你不会成功的。"这种负面的影响让多数人本真的自我信念渐渐动摇，甚至被腐蚀，只有少数人能始终如一地保留着它们。

直到有一天，我们发现，小时候和我们一起嚷嚷着要当医生的家伙，真的当了医生。我们会感叹：他真幸运，做了自己想做的事。真的是他幸运吗？不是。这一切，不过是因为他保持了那份本真的自我信念，而信念又铸成了带有魔力的气场，把他想要的东西吸引到身边。成功的人大多都如此，不管外界的环境如何，不管他人对自己是否有所怀疑，他们丝毫也不怀疑自己能够实现目标，始终保持坚定的气场。

吉米从小就想成为一名优秀的赛车手，他也一直在为之努力。从部队退役后，吉米到全国各地找工作，期间只要有赛车比赛他就去参加。因为每次都得不到什么好名次，所以收入也不多。但他从不泄气，他相信只要不断努力就一定能在未来的比赛中获胜。

一转眼，几年过去了，吉米开始陆续在一些汽车比赛中得奖，慢慢地他成了美国颇为名气的赛车手之一。当然，在成功的背后也有巨大的代价。在加州的赛车比赛中，他的赛车位列第三，突然他前面的两车发生了碰撞，尽管吉米极力要躲避它们，但因为车速太快，他撞到了道旁的墙壁上，赛车整个燃烧了起来。等到吉米被医务人员救出来的时候，吉米的手已经被烧焦了，他的鼻子也没了，体表烧伤面积达到了40%，医生做了七个多小时的手术才保住了他的命。虽然活了下来，但他的手已经萎缩的像个鸡爪，医生告诉他，他再不能开车了。

医生的话没有让吉米放弃对成功的渴望，他不断地接受植皮手术，每天练习用手指的残余部分抓东西，这种练习让他痛得眼泪往外冒。但吉米一直坚持着，他从未怀疑过自己的能力。做完最后一次手术后，吉米回到了自家的农场，他每天开推土机，试图用这样的方法给自己的手掌磨出茧子，然后继续开车。

终于，十个月后的一天，吉米重新回到了赛场。在那次比赛中，他没有获胜，因为他的车子在中途坏了。不过，在随后的一次200英里的汽车比赛中，他得了亚军。

又过了三个月，就在上一次的事发地点，他信心十足地参加了一场250十英里的比赛。这一次，他得了冠军。就在赛前，很多人都劝他放弃，但他内心有个坚定的声音告诉他："不要放弃！你一定会成功。"

如果没有坚定而强烈的信念，别说是烧伤和残疾，就连曾经那些小小的失败，也足以将吉米打倒。别总觉得自己不如那些成功的人好运，把自己看得过于平庸。很多时候，你只看到了别人的好运，却没有看到给他们引来好运的内心的东西。那就是一股强烈而充满斗志的气场，一种顽强不屈、无以摧毁的力量，时刻提醒着他："你能够做到，你会成功。"

这个世界没有与生俱来的成功者，他们也曾像辛普生一样是个无名小卒，也曾像吉米一样经历过大大小小的失败和挫折，但他们与常人不同的是，多了一份"我能够成功"的积极信念，时刻给自己营造了一个"我能行"的气场。现在

的你，就与曾经的他们站在同一起跑线上，怎么做全在于你的信念。如果你在心里告诉自己"我做不到"，那么，你已经输了。

06. 格拉夫曼的"左手传奇"

格拉夫曼，美国犹太裔钢琴家，21岁就获得了利文特里特音乐大奖。此后的三十年中，他便开始一直在世界巡回演出。

1979年，格拉夫曼的右手受伤，他被告知无法再弹奏钢琴了。对于音乐事业如日中天的钢琴家而言，这简直就是世间最大的噩耗。那段日子，格拉夫曼非常困惑，不知道自己做什么。那一年，他去了哥伦比亚大学进修，并进行了他人生中的第一次中国之旅。他需要找到自己的方向，重拾自信。

几年的休整后，格拉夫曼以惊人的毅力开始专攻左手演奏的作品。众所周知，演奏钢琴通常都是右手弹旋律，左手弹和弦，如果用一只手表现两只手所能达到的丰富音色和美妙旋律，简直难如登天，是极其困难的。这需要左手的五个手指有非常高的独立性，左手拇指与食指弹奏旋律，中指和无名指伴奏，小指弹奏低音；左手在弹奏中必须掌握大跳的技巧；为了弥补单手独奏音色不足，双脚还要交替踏中踏板和右踏板来延长低音时间。对于一个钢琴家来说，想要做到左手独奏，是一次痛苦的重生。但是，格拉夫曼做到了。1985年，他与祖宾·梅塔及纽约爱乐乐团成功地演奏了北美近代协奏曲，赢得了"左手传奇"的美誉。

2009年，在格拉夫曼81岁高龄时，他又来到了中山公园音乐堂，续写了他的"左手传奇"。那一天，格拉夫曼缓缓地走上舞台，给了观众一个优雅的鞠躬，然后用右手略微吃力地调整一下坐椅，左手便开始流畅地在感情上跳跃。整场音乐会下来，格拉夫曼几乎没有换过姿势，他完美地演绎了一首首动人的曲子。每一曲结束后，观众都会响起持久而热烈的掌声。

格拉夫曼的气场太强大了，简直扣人心弦。那些看过他演奏的人纷纷表示，那是他们所看到的身体语言最少的演奏，但他们的心却一直跟着旋律颤抖。人们的内心对格拉夫曼充满敬意，甚至渴望与他握握手，感受一下他的体温。

为什么格拉夫曼有如此大的魅力呢？这不是上帝的恩赐，是一股神奇的力量在发挥作用，是信念的神奇光环在他的身上闪烁。格拉夫曼的成功，是他不轻易放弃人生，严格要求自我的结果；格拉夫曼的气场，是他内心的强大信念，让他确定自己能够完成单手的演奏，支撑着他不断地努力，最终开启卓越之门。

信念是帮助我们挖出内心力量的工具。只要我们内心相信，信念就会传递一个指令给神经系统，让我们不自主地进入到信以为真的状态中。如果能够一直持续控制信念，它就可以发挥出极大的力量，促使我们开始行动，克服一切困难，为美好的愿景而奋斗。相反，如果没有信念，自暴自弃，那就无异于自我毁灭。

当一个人的信念形成的时候，他的人生便有了目标，而他那种坚定地要得到某样东西、试图完成某些理想的愿望，就会成为一股强大的力量，以合理的方式向外辐射。这就是我们所的气场。尽管一个人在年幼的时候，气场就已经逐渐形成，但是后天的培养和内心的变化，也能够让气场发生改变，或是变强，或是变弱，而这种强弱程度也直接决定了他人生的收获。

罗伯特的父亲是个马术师，他从小跟随父亲到处奔走，从一个农场到另一个农场。因为四处奔波，罗伯特的学业也受到了影响。

在读中学的时候，老师让所有同学写一份报告，题目是"我的志向"。那天晚上，罗伯特很兴奋，他花了五个小时的时间写了洋洋洒洒七页纸，描述了他的伟大志向：拥有一座属于自己的马场。罗伯特写得非常认真，他把自己的设计图贴在文章后面。那是一张200亩农场的设计图，上面画着马厩、跑道的位置，在那边农场的中央，还有一栋非常高的住宅楼。

第二天，罗伯特把自己辛辛苦苦做好的作业交给老师。

　　两天之后,他拿回了报告,上面画着一个大大的F,旁边写道:下课后来办公室见我。

　　罗伯特心里很纳闷:为什么老师会给我不及格?带着这样的疑问,罗伯特课后走进了老师的办公室。

　　老师看到罗伯特便指责道:"你年纪轻轻,倒是很喜欢做白日梦!你没有钱,没有家庭背景,什么都没有,还想建马场?难道你不知道这项工程需要很多钱吗?你要买地、买马,还要请人照顾它们,这些都需要钱。你太好高骛远了。你回去给我写一份比较实际的志愿,我会重新给你打分。"

　　罗伯特回家后,反复想了几遍要不要重新做。随后,他又征询父亲的意见。父亲告诉他:"孩子,这是一个非常重要的决定,你要自己拿主意。"

　　几天之后,罗伯特又找到了老师,把没有任何改动的原稿交了上去。他告诉老师:"就算您给我一个大红字,我也不会放弃我的梦想。"

　　二十年后的一天,那位老师带着几十名学生参观一家农场。那是一座200亩大的农场,里面还有一栋4000平方英尺的豪华住宅,这家马场的拥有者正是当年被她否定过的罗伯特。离开马场之前,老师惭愧地对罗伯特说:"真是惭愧。你读书的时候我曾给你泼过冷水,这些年我也对不少学生说过类似的话。幸亏,你坚持了自己的信念。"

　　没有坚定的信念,就会在他人的否定中怀疑自己,造成自我潜意识里的失败定位。这种定位,会从根本上将一个人打倒。值得庆幸的是,罗伯特从年少时就坚定了一种成功的信念,不动摇,不妥协,这种信念就像是气场的发电机,让他把想法付出到行动中。

　　看看格拉夫曼的"左手传奇",再看看罗伯特的"伟大的志向",那无疑都是坚定不移的信念。如果你在内心中为自己埋下一个"我会成功"的信念,在潜意识里不断提醒自己"我能行",那么你也一样能够演绎出自己的传奇。

07. 谁都可以成为英雄

有个人在高山的鹰巢里抓到了一只幼鹰,他把幼鹰带回家,养在鸡笼里。幼鹰每天都和小鸡一起啄食、嬉戏,它以为自己是一只鸡。慢慢地,鹰长大了,羽翼丰满了,主人想把它训练成猎鹰,可它每天和鸡在一起,已经丧失了飞的愿望。主人尝试了各种办法,即便是打它、驱赶它,也无济于事。

后来,主人把鹰带到了一个最陡峭的悬崖边,狠狠地把鹰扔了出去。一开始,鹰就像块石头坠了下去,但是快要到涧底的时候它却突然张开了双翅,开始慢慢地滑翔,最后拍了拍翅膀,终于飞向了天空。

当鹰的意识里只有鸡的时候,它每天只会找虫子吃,就算他有翱翔万里的本事,也不会把翅膀轻轻地动一下。鸡的意识让他觉得,自己是能够在草垛子上扑腾两下,它已经完全丧失了鹰该有的气场。动物如此,人亦然。当一个人在潜意识里把自己定位于"失败"的时候,他就失去了奋斗的信念,也失去了强硬而具有影响力的气场。

回想一下,你在生活中是否经常说这样的话:"事情本就该这样"、"我运气一直都很差"、"早知道不会成功"。这种思维习惯直接决定了你的反应和行动,也决定了事情发展的结局,因为潜意识总是趋向于你所持有的目标和自我形象。这个观点我们在前面的章节中也提到过,如果你坚信有什么不好的事情要发生,那么当遇到某种意想不到的挑战时,你便会心灰意冷,失去自信心。你会把这些事件当作是你预料中的失败,并加以认同。

失败的信念会导致失败,让你无法凝聚强大的气场。那些习惯于提醒自己"会失败"的人,在精神上有一种难以逆转的失败感。他们形成了不会成功的信念,并且让自己的一切行为都不自觉地遵循这种观念。即便得到提升的时候,也会伴随着焦虑,当要求变化的时候他们就会加以拒绝,认为自己做不到。

　　一位智者在风烛残年之际，知道自己即将不久于人世，就想考验和点化一下那位平日里表现优异的弟子。他把弟子叫到窗前，说："我需要一位优秀的传承人，他需要有智慧，还需要有充分的信心和勇气。可惜，我到现在还没有找到这样的人，你帮我寻找一位吧！"

　　那位勤奋而忠诚的弟子答应了，他不辞辛苦地到处寻找。他把一个又一个人选带到智者面前，却都被智者否定了。几个月后，智者眼看就要离开人世，可还是没有找到那个优秀的人选。弟子很惭愧，他沉重地对智者说："老师，我令您失望了。"

　　智者叹了口气说："失望的是我，可对不起的却是你。原本，你就是那个最优秀的人，但你却不敢相信自己，把自己给忽略、耽误了。记住，每个人都是最优秀的，差别在于如何认识自己，如何发掘自己的潜力……"话还没有说话，智者就离开了人世。

　　一个内心坚定地相信自己是个失败者的人，他就是真的失败者。如果这位优秀的弟子能够早一点打破内心的失败观念，智者在离开时也就不会如此失望。

　　想想你自己是否有过类似的感受：第二天要参加一个重要的面试，你会感到一股莫名的压力，甚至有些害怕，这令你想到了过去被拒绝的情形。当那些失败的影子重现在脑海中的时候，你越来越紧张。于是，当面试到来的时候，你很难表现得从容不迫，甚至真的频频出错。当坏消息传来的时候，你又完全相信自己的失败预言："我早就知道自己得不到这份工作。"

　　其实，并不是你的能力不佳，也不是命中注定你与那份工作无缘，而是你先从内心否定了自己。每个人的内心深处都有一个英雄，只不过你还让他长期处于休眠的状态罢了。还记得我们在文章开头时讲到的那只鹰吗？当它被主人从山顶扔下去的时候，它潜意识里的求生意念已经完全超越自己是只鸡的显意识，它心底的英雄被唤醒了，让它发挥出了以前从未发现过的飞翔能力，找回了自己是一只雄鹰的信念和气场。

　　英雄做的事情看似不寻常，可实际上他们与千千万万的普通人没什么区别。当生活赋予我们挑战和恐惧的事情时，只要你拿出勇气去征服它们，你就表现出了内在的英雄本色，这种行为也会极大地强化我们的自我信念。纵观所有的成功者，无疑不是在精神上有种坚强的成功感，他们在潜意识里就已经把自己当成了"雄鹰"，他们有飞翔的梦想，所以他们敢于张开翅膀，拒绝平庸。你总是会感觉到他们周身的气场具有强大的吸引力，令人敬仰，令人折服，实际上这一切都源于内心的信念，是他的自信感染了你。

人生就是这样，当你把自己当成一个失败者的时候，你就只能处处受人欺负；当你认定自己是个天生无可争辩的成功者时，你就一定是气场最强大的人，而你的人生也注定会与众不同，精彩异常！

※ 第5章　木元素与个性 ※

> 每个来到这个世上的人，都获得了上帝赐给人类的恩宠，上帝造人时即已赋予每个人与众不同的特质，所以每个人都会以独特的方式来与他人互动，并感动别人。一个失去了自我个性的人，就像是海上一艘迷失方向的船，不管朝哪个方向行驶，都是逆风的。这样的人，无法锻造出自信、与众不同的气场，因为他们是盲目的。记住你就是你，没有人能够代替你，你也无法替代别人。秉持自己的个性，强化独特的气场，走到哪里你都是主角！

01. 有个性才能成为主角

有位电车服务员的女儿，一直渴望成为明星。可惜，在外人看来，她并不具备成为明星的条件，她长了一张不美的大嘴，还有一口龅牙。第一次在夜总会登台演出的时候，她刻意地用自己的上唇掩饰牙齿，希望别人不会注意到她的缺陷专心听她唱歌。结果，台下的观众看她滑稽的样子，不禁大笑。

下台后，一位观众对她说："我很欣赏你的歌唱才华，也知道你刚刚在台上想要掩饰什么，你怕别人嘲笑你的龅牙对吗？"女孩听后，一脸尴尬。接着，他又说："龅牙怎么了？你应该忘记它，尽情地展现你的才华。也许，你的牙齿还能够给你带来好运呢！"听了这位观众的忠告，女孩此后不再掩饰自己的龅牙，唱歌的时候她总是尽情地张开嘴巴，把所有的精力都置于歌声中。最后，她的名字——凯茜·桃莉享誉于电影和广播界,甚至很多喜剧演员都来模仿她唱歌的模样。

凯茜·桃莉的成功是龅牙带来的好运吗? 谁都知道这是玩笑话。但我们必须承认,当她忘记了龅牙的存在,尽情地投入到演唱中时,她的龅牙成了一种"个性"的象征,而她的自信和投入也使她展示出了独特的气场。她日后能够成为众人模仿的对象,也是因为她有个性,有自己的风格和气场,这一点是无人能够替代的。

世界上没有两片相同的树叶,也没有两朵一样的雪花。同样,我们的指纹、声音及 DNA 也都是独特的,因此可以说,每一个都是独一无二的。可惜,有些人没有认清楚这一点,总是不自觉地拿自己与那些取得成就的人比较,用他们作为标准来衡量自己的成功,然后得到一些安慰或是一些遗憾。当他们发现自己存在某方面的不足和缺陷的时候,首先想到的不是正视,而是千方百计地遮掩,希望自己变得完美,符合他人眼中的"审美"和"优秀"的标准。

我们常说:人应该自省,并不断提升。但这里说的,是一个人的内在修养及本身的技能,而非外表或盲目地以他人为目标。不断地拿自己与他人相比,只能够对自我形象、自信及能力产生负面的影响。要知道,一个人对自己的认识、定位以及确立的目标,决定了他们日后在这个世界上的独特位置,以及潜能的发挥程度。换句话说,一个失去了自我个性的人,就像是海上一艘迷失方向的船,不管朝哪个方向行驶,都是逆风的。而这样的人,是无法锻造出自信、与众不同的气场的,因为他们是盲目的。

世界上最糟糕的心理毛病就是打从心底想成为另一个人。这样的意念在好莱坞演艺圈里非常普遍。好莱坞导演山姆·伍德坦言,他在教导新演员拍戏的时候,最头痛的就是如何让演员表现出自己的风格。那些新演员们的心里,只想着成为第二个谁谁谁,而不是他自己。换句话说:即便真的想要成为第二个谁,外表和装扮可以通过包装与之相近,但一个人的气场如何能够模仿得来呢?

要形成专属于你的气场,散发出与众不同的磁场,就要秉持自己的个性。怎样才叫做秉持自己的个性呢? 在下面这个故事中,你可能会找到答案:

欧蕾太太从小就是个怕羞的人，她的体重过重，加之一张圆圆的脸，让她看上去显得更加肥胖。欧蕾太太的母亲是个守旧的人，她告诉欧蕾太太不必要打扮得那么体面，只要穿着宽松舒适就好。所以，欧蕾太太一直都穿着朴素的衣装，也很少参加聚会。上学之后，她也很少与同龄人一起相处。她怕羞到了极点，常常觉得自己不受人欢迎。

后来，欧蕾太太嫁给了一个比自己年长几岁的男人，但她依然很怕羞。婆家是个平稳而自信的家庭，但这一点并没有传染给欧蕾太太。欧蕾太太一直渴望像他们一样，但就是做不到。婆家人有时想要帮助她走出自闭，却适得其反。欧蕾太太变得很爱发怒，躲开所有的朋友。她认定自己是个失败者，但她却不想让丈夫知道。有时候，她希望表现得活跃些，却又过了头，事后感到无比沮丧，甚至想到了自杀……

但是，欧蕾太太没有自杀，她反倒真的像变了一个人。这一切，都源于她与婆婆一次偶然间的谈话。婆婆谈到她带孩子的经历时，对欧蕾太太说道："无论发生什么事，我就坚持让他们秉承个性。"

"秉承个性"就像一道阳光，照亮了欧蕾太太的心。她终于知道，自己不快乐是一直以来她在勉强自己充当一个不适应的角色。于是，她开始寻找自己的个性，观察自己的特征，注意自己的外表、风度，挑选适合自己的服饰，并试着参加一些小组活动。当小组第一次安排她表演节目的时候，她吓坏了。但是，她每次开口说话，都增加了一些勇气和信心。

慢慢地，欧蕾太太变了，她变得快乐多了，这是她做梦也想不到的。后来，她总是告诫自己的孩子，不管发生什么，都要秉持自己的个性。

欧蕾太太的转变，实际上就是气场的转变。记得我们在前面的气场与个人存在感一节中提到过，人应当学会欣赏自己，找到自身存在感。欧蕾太太后来的一系列表现，都是在寻找自身的存在感，她体会自己的气场，穿着与自身风格相符的衣装，这一切都是强化"个性"的举动，当她完成了这一切的时候，她的气场也就形成了。气场有了，吸引力自然也就有了。

每个来到这个世上的人，都获得了上帝赐给人类的恩宠，上帝造人时即已赋予每个人与众不同的特质,所以每个人都会以独特的方式来与他互动,并感动别人。记住你就是你,没有人能够代替你,你也无法替代别人。秉持自己的个性,强化独特的气场,走到哪里你都是主角!

02. 你不一定会输

李嘉诚的商业成就令世人瞩目,为此港人将其称为"李超人"。"李超人"的商业制胜秘诀就是:不管面对怎样的挑战,都不该有丝毫的犹豫。竞争即是搏命,更是斗智斗勇。

20世纪70年代,在房地产经营方面,李嘉诚遇到了一个强大对手——置地公司,这是英资地产的巨头。当时,李嘉诚提出赶超置地的大目标,不少人都持怀疑的态度,他们觉得李嘉诚要与香港呼声最高、实力雄厚、被喻为"三级超升"的置地公司较量,有点自不量力。不过,李嘉诚并不畏惧。他经过一系列的准备,采用未雨绸缪的经营方式,一举战胜了置地获得了成功。

李嘉诚取得的巨大成功,源于他缜密的计划和经营方针,更重要的是他具备了"海纳百川,自强不息"的个性,有一股不退缩的毅力和气场。少了这种气场,制定的目标和计划再完美,也只是镜中花,水中月。

敢于较量和超越,是一种难得的个性,更是一种强大的意志。有了这样的意志和勇气,就必然会彰显出无所畏惧的气场。生活中有些人很害怕挑战,害怕与强大的对手展开较量,一方面是缺乏信心,另一方面则是害怕失败。实际上,大可不必如此。敢于较量,敢于同强大的对手较量,才能够激发出自己的最大的潜力。

众所周知,日本电器业有两大巨头,松下和索尼。松下的创始者是松下幸之助,在他创业初期,条件非常艰苦,加之他学识不多,经营一个企业就更难了。但他却凭借着毅力把松下做大了。与此同时,另一个时势造就的英雄人物

出现了,他就是索尼公司的创始人盛田昭夫。所谓"一山不容二虎",两家企业都致力于电器的开发,竞争是免不了的。但是,松下幸之助和盛田昭夫都不畏惧这种较量,相反,他们都把企业推向了国际化,做得很成功。这就说明:如果没有较量,没有竞争,也就没有发展。

成功就如同长跑比赛。比赛枪声响起的时候,所有参赛者一同离开起跑线,难分先后,但到了中途,就拉开了差距,选手们往往会跟上某一位对手,然后在恰当的时候突然加速超越,再跟上另一位对手,再找时机超越,一直跑到终点。我们要将人与人之间的竞争视为一场比赛,只有具备了敢于较量和不断追击的个性,才能够胜人一筹。信守这个道理,就会成为最大的赢家。

聂卫平是著名的"围棋大师",他在国内外的多次重大比赛中都取得了优异的成绩。他的成功与其个性密不可分,他的上进心极强,任何有竞争性和挑战的比赛他都喜欢。谁都知道下围棋需要随机应变,聂卫平在与人较量时总是"杀得天昏地暗"。为此,日本人很怕他,还称他为"聂旋风"。

在第一届中日围棋擂台赛上,他出场三次。按照中国围棋队赛前的目标来看,只要他"打败小林光一"就算是完成了预期目标,这个目标聂卫平一上场就完成了。接下来,聂卫平要与加藤正夫进行比赛,如果这一场他赢了,那就是"大胜"。在此局进行的一年前,加藤曾经在三番棋中以2:0击败聂卫平,这盘棋对于聂卫平来说带有"雪耻"的色彩。可是,一年后的这场比赛,聂卫平却下得非常流畅,有如神助,最终胜了加藤正夫。

最后一局,聂卫平的对手是藤泽秀行。前两场比赛他已经赢了,即便这一盘他输了,他依然是英雄。但是,聂卫平却给自己定了一个目标:只能赢不能输。否则的话,对中国棋坛,对中国人民来说,都是一种遗憾。

在六个多小时的激烈角逐中,聂卫平没有吃一口饭,由于体力消耗过大,他还吸了两次氧。最终,聂卫平胜了藤泽秀行,以九战九胜的战绩为中国争得了荣誉。

聂卫平有着爱拼、敢拼的个性,他依靠着这种精神和气场打败了对手,最终也赢得了藤泽秀行这位日本棋圣的敬重。据说,那次比赛之后,藤泽秀行便表示,他要履行自己赛前的誓言:"回到日本就去剃头。"

做人做事,最重要的一点就是,遇到对手和困难要敢于迎上前去,而不是退缩,暗示自己:"我会输。"成功需要对手,对手就像一面镜子,让我们看到自己的不足。面对强大的对手,要发挥比赛的精神,努力跟上他,和他去较量。当你展示出一种不惧怕、坚定的气场时,你就已经成功了一半。失败,往往都是半途而废,或是失去了拼搏的勇气。

每一个渴望成功的人都该具备拼搏的精神。面对竞争,要奋力拼搏,不做压力之下的逃兵,在坎坷的路上始终坚定不移地向前走。拼搏不是三分钟热度,这种个性需要用坚韧的毅力来维持。也许你在拼搏的过程中已经感到很疲惫,甚至觉得自己的力量已经发挥到极限,忍受着孤独,承受着身心上的压力……但是,这种痛苦实际上正是充实和丰富人生的过程,没有比人更高的山,也没有比脚更长的路。只要心中坚定着成功的信念,就一定能够用积极的气场超越重重阻碍!

03. 如果命运给你一个毒柠檬

"如果有个柠檬,那就做一杯柠檬水。"皮特是美国加州一位快乐的农民,他曾经把一个有毒的"柠檬"做成了柠檬水。

几年前,皮特买下了一片农场。不久后,他发现自己上当了。那块地根本不是什么风水宝地,既不能够种植庄稼和水果,也不能够养殖,能够在那片土地上生长的除了白杨树就是响尾蛇。愁苦也没有用,不如想想办法吧!很快,皮特就发现一条好的出路,把那些"坏东西"变成一种资产。所有的人都认为他的想法不可思议,因为他要把响尾蛇做成罐头。

皮特"疯"了吗?没有。如今,他的生意做得很大,不单罐头卖得好,每年到他那个响尾蛇农场参观的游客就有上万人;那些从响尾蛇身上取出来的毒,都

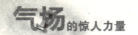

被运送到各大药厂制成蛇毒的血清；响尾蛇的皮也出售给皮货商，制成皮包和鞋子。

买下一块不能够种植、也不能够养殖的农场，对任何一个人来说都是件糟糕的事。如果皮特一直沮丧并自暴自弃地说："完了，我真倒霉，本想发达一回的，可上帝不给这个机会。"那么，他就真的完了。因为自暴自弃的思维特点和个性，会让他的内心凝聚一股消极的气场，让他陷入抱怨和诅咒命运的怪圈中，自卑自怜地度过一生，毫无作为。值得庆幸地是，皮特的个性不是这样。即便他发现命运只给了他一个柠檬的时候，他也没有放弃，他想到的是如何从这种不幸中脱离出来，如何改变自己的命运，把柠檬做成一杯柠檬水。有了这种积极的想法，他的内心自然也就充满力量，糟糕的事情也会变得柳暗花明。

心理学家阿佛瑞德·安德尔说过："人类最奇妙的特性之一，就是把负的力量变成正的力量。皮特的个性正是如此，他把一件在外人看来糟糕得无可救药的事物，变成了一件让自己受益无穷的资产。有了这样的变坏为好的力量，他的气场就是积极而强大的，同时吸引来的也必将是好的东西。

普通人往往都是拿自己的收入作为资本，而那些具有个性的人总是会从自己的损失里获得利润。这是一种化忧为喜的个性，也是一种充满乐观和智慧的个性。不管什么时候，在什么场合，发生了怎样尴尬或难以解决的事，都需要想办法去改变它，而不是随波逐流，任由事态肆意发展。要培养自己这样的个性是不容易的，因为它需要克服恐惧，更需要内心有一股淡定的力量，不怯场，处变不惊，但也只有这样的人，才能够在众人面前散发出无与伦比的磁场和吸引力。

世界著名的小提琴演奏家欧利·布尔，曾经有过这样一次经历：当时，他在法国巴黎举行了一场音乐会。不料，却发生了意外情况：一首曲子还未演奏完，小提琴上的A弦却突然断了。

看到这样的情景，周围的人都吓坏了，也变得异常紧张，他们不知道欧利·布尔该如何"收场"？如果处理得不好，就可能影响到整场音乐会，甚至也会影响到欧利·布尔日后的音乐生涯。就在"知情人"焦虑和观望的时候，欧利·布尔却丝毫没有在意那根断了的 A 弦，他从容不迫地用另外的那三根弦演奏完了那支曲子。

后来，欧利·布尔回忆这件事时说道："这就是生活，如果你的 A 弦断了，就在其他三根弦上把曲子演奏完。"

这不仅仅是生活，更是一种气场。在万人瞩目的音乐会上，面对突如其来的意外，没有丝毫准备，却能够表现出无谓和坦然，这种气场怎能不令人震撼，又怎能不像磁铁一般紧紧地吸引着别人的目光和心灵？再者，一个能够在众人的目光下把突然袭来的不幸变成幸运，给生活一个完美的答案的人，未来还有什么困难能够挡得住他呢？

我们应该培养一种把不幸变为幸福的个性，培养能够给自己带来平安和快乐的心理。当然，这很艰难。很多人在面对生活中的"不幸"时，虽然想过要改变，但若真到了要付诸行动时，却又迟疑了。比如，那些刚刚从象牙塔里走出的精英们，宁愿在家里等着天降大任，也不肯屈尊去做那些所谓"低贱"的工作。

工作有高低贵贱之分吗？一切都是思想在作怪。要培养化忧为喜的乐观个性，首先就要对自己进行调整，不能固执己见。社会生活处于变化和发展中，如果你不跟随着改变，遇到问题就想不开，那结果就只能是悲剧。

气场的强弱，关键在于内心力量的强弱；内心力量的强弱，关键在于一个人的思想和心态积极与否。人生总是沟壑险阻不断，如果在逆境中沉沦了，陷入自暴自弃的个性中，就注定是一个懦夫和失败者。只要学会自我调整，换个角度审视自己和生活，气场就会从微弱变得越来越强，甚至让茅屋变成宫殿。这是奇迹吗？是奇迹，但也是必然。很多简单的哲理就在你的心中，当你改变原来的态度，练就了一种全新的自我，你就会发现，那些一直困扰着你的东西并不是事物的本质，而是你自己的心态和个性。

04. 索菲娅·罗兰：谁也不模仿

索菲娅·罗兰是意大利的著名影星，自1950年从影以来，已拍过60多部影片，她的演技炉火纯青，曾获得1961年度奥斯卡最佳女演员奖。然而，她的从影之路并不是一帆风顺的。

16岁那年，索菲娅·罗兰来到罗马，希望做一名演员。但是，很多人都给出了否定的意见，原因就是她的个子太高，臀部太宽，鼻子太长，嘴巴太大，下巴太小，根本不像一般的电影演员，更不像是意大利式的演员。尽管制片商卡洛看中了她，并带她多次试镜，但摄影师们都抱怨没有办法把她拍得美艳动人，因为她的鼻子太长、臀部太"发达"。于是，卡洛对索菲娅说："如果你真想干这一行，就得把鼻子和臀部'动一动'。"

尽管索菲娅·罗兰很想从事这一行，但她断然拒绝了卡洛的要求。她说："我为什么非要长得跟别人一样？鼻子是脸庞的中心，它赋予了脸庞以性格，我喜欢我的鼻子和脸保持它原来的样子。至于我的臀部，那也是我身体的一部分，我想要保持原状。"

索菲娅·罗兰没有因为他人的评议而放弃自己的理想，她决心不依靠美貌而是依靠内在的气质和精湛的演技来获胜。最终，她成功了！那些关于"鼻子"、"嘴巴"、"臀部"等的非议也消失了，这些特征反倒成了美女的新标准。在20世纪将要结束的时候，索菲娅·罗兰还被评为本世纪"最美丽的女性"之一。

后来，索菲娅·罗兰在其自传《爱情和生活》中写道："自从开始从影起，我就出于自然的本能，知道什么样的化妆、发型、衣服和保健最适合我。我谁也不模仿。我从不去奴隶似的跟着时尚走。

不因他人的评议而改变真实的自我，也不因他人的评议而停下奋斗的脚步，这就是一种坚持主见的个性。索菲娅·罗兰始终知道自己是谁，知道自己要做什么,她的身上有一种不为外界压力而迷失自我的气场,这也是她最终取得成功的决定性因素。可以说,一个人想要获得成功,就必须要坚持自我,不能盲目地听从他人的意见,也不要固守在过去的经验和成见中。

话虽如此,但真正能够做到始终如一坚持自我的人,却不是很多。当我们在做出一项重要决定或是在为成功奋斗的时候,总是会听到众多反对意见。这些意见可能来自我们身边最亲近的人,他们从自己的角度考虑,或是纯粹是担心我们走错人生的这一步棋,进而提出不同的意见。还有一种可能,那些对我们心怀恶意的人,会故意污蔑、诽谤我们,将我们所做的事情说得漆黑一团。

每到这个时候,就会有人动摇了。因为外界的消极气场影响了他们内心,他们担心自己辜负了家人朋友的好意,或是无法承受社会舆论带来的压力。于是,半途而废,甚至事情还没有开始就夭折了。不得不说,这是非常遗憾的。

导致这种情况出现的原因,就是没有坚定的自我,没有下定决心。家人的担心可以理解和接受,但却不该以此作为改变自己初衷的决定性因素;至于舆论,那就更不必在意了,因为舆论是世界上最不值钱的东西。每个人都有自己的认识和看法,并随时准备加诸于接受的人身上。如果你不接受,那么再多的舆论也奈何不了你。况且,如果坚定自己是对的,舆论早晚不攻自破。

这个世界上,谁也替代不了你,你就是自己人生的画师,生活是精彩绚烂还是灰色暗淡,完全在于你给它涂上什么颜色。不要指望他人告诉你该涂什么颜色,否则的话那就不是你的人生了。

美国前总统里根小时候到鞋店里做鞋,鞋匠师傅问他:"你是要方头的,还是圆头的?"当时的里根并不知道哪种鞋子才适合自己,他迟疑了半天也没有说上来。鞋匠师傅让他回去想,想清楚了再来。

几天之后,鞋匠在街上又碰到了里根。他提起鞋子的事情,而里根依然很迷茫,不知道到底要什么样的。鞋匠说:"既然你不知道怎么选择,那就让我替你做决定吧!两天之后你来取鞋。"

两天过后,里根高兴地找到鞋匠,可当他看到鞋子的时候却傻了眼。鞋匠给他做的鞋子根本不能穿,因为一只是圆头的,一只是方头的。里根问鞋匠为

什么会这样？鞋匠的一番话点醒了他："你用了几天的时间都没有拿定主意，那只有我替你决定了。这是给你的一次教训，不要让别人替你决定。"

这件事情里根铭记于心。此后每做一件事，他都只听自己的话。他说："如果自己遇到事情犹豫不决，就等于把决定权交给了别人。一旦别人做出了糟糕的决定，后悔的还是自己。"

坚持自我才有气场。作为总统级别的人物，要面对的抉择关乎着整个国家的发展和稳定，决定着一个国家在世界上的影响力；作为总统，要面对的质疑、批评和非议，是常人无法想象的。如果里根的内心少了坚定的信念，哪怕是一丝一毫的动摇，他都不可能连续两届出任美国总统，也不可能具有强大的影响力，让美国 80 年代的文化被誉为"里根文化"。

如何才能够做到坚持自我，提升坚定的气场呢？试着这样做看看效果：

学会自信。这是一种态度，也是内心的修为。当自己解决一件事情不缺乏优势的时候，先要自己制定出处理事情的原则，再去听取他人的意见。当别人说出想法时，你也要说出自己的主张，这样你就会发现，其实你是有主见的。

多思考。主见，是一种属于自己的认识和见解，是思考的结果。如果没有思考的过程，就很难得出自己的观点，尤其是正确的观点。

抓主要矛盾。世界上没有十全十美的事，要学会抓主要矛盾，解决了主要矛盾就能很快地处理好问题。这是一种能力，也是培养主见的方法。

多思考多总结，你慢慢地就会成为一个有主见的人，与此同时你的气场也会发生改变。坚定，自信，有了自己的做事原则和风格，你就必将是个优秀的人。

05. 世界上不只一条路

柏克早年移民到美国,一直以写作为生。后来,他创建了一家小公司,雇佣了6名员工,主要从事短篇传记创作。

一天晚上,他去了歌剧院,当他拿到节目表的时候,发现了一个问题:节目表印制得非常差,也太大,用起来很不方便,而且没有丝毫能够吸引观众的亮点。当时,柏克立刻想到了印制面积小、便捷、美观,且文字吸引人的节目表。

第二天,柏克准备好了自行设计的节目表样张,拿给剧院的经理。他说,自己愿意提供高品质的节目表,且是免费的,以便获得独家印制权;而节目表中的广告收入,则能够弥补这些成本,使他获得利润。

剧院经理同意使用他的新节目表,与此同时柏克也与该城市内所有的歌剧院都签了约,这门生意越做越好。最后,柏克开始扩大公司的营业范围,并创办了几份杂志,而他自己也成了《妇女家庭杂志》的主编。

如果固守一条路,柏克可能还是个默默无闻的小老板。不过,他的个性并非如此,他善于打破常规,在一些容易被别人忽略的地方发现机遇,具备这种个性的人,往往会做出令人出其不意的事。试想:当你看到一个陌生人拿着令你惊喜并能够创造利润的创意时,你对他的印象如何?换句话说,他散发出的气场是什么样的?显然,就算他一句话都没说,依然能得到你的好感和认同,这就是具备震撼力与说服力的个性气场。

洛克菲勒曾说:"如果你想成功,你应该辟出新路,而不要沿着过去成功的老路走……即使你们把我身上的衣服剥得精光,一个子儿也不剩,然后把我扔在撒哈拉沙漠的中心地带,但只要有两个条件——给我一点时间,并且让一支商队从我身边经过,那要不了多久,我就会成为一个亿万富翁。"一个总是跟着别人脚印前进的人,只能是碌碌无为,他的气场是虚弱的。只有敢走别人从未走过的路,另辟蹊径,才能凸显出自己的不凡,从而出奇制胜。

　　生命的原则就是打破常规，你可以开创全新的生活和事业，只要你敢于想他人所未想，做他人之所未做，从别人注意不到的地方开始。如果墨守成规，一成不变，抱持着"以不变应万变"的保守心态，结果只能有两种：一是平庸地过完一辈子，二是被时代淘汰。看看那些气场不凡的人，他们之所以能够给人以影响力和号召力，完全在于他们不走寻常路，你总能够在他们的思维行动中发现新的亮点。即便你现在只是个默默无闻者，但只要你的骨子里具备敢于打破常规的个性，想成功就不是一件难事。

　　打破常规的个性，不仅是具备独到的眼光，善于发现机遇，还应当努力为自己创造条件。谁都知道，成功不是一蹴而就的，总需要历经各种各样的磨炼。有的人在面对失败的时候，总是感叹运气不佳，让消极的气场肆意地占据了头脑和内心；相反，有些人则是为自己创造奇迹，打破常规的思考方式，另辟蹊径，大胆创新，他们的气场总是积极的、充满新鲜感和爆发力的，一旦抓住了机会，就能够走出一条属于自己的路。

　　在美国亚特兰大市，有个名叫潘伯顿的业余药剂师，他用柯树叶和柯树籽为基本原料，经过多次的试验，制成了一种具有兴奋作用的健脑药汁，这就是美国最初上市的可口可乐。

　　不过，可口可乐的销量并不好，潘伯顿为此也很焦急。一天，有个头痛难忍的病人请求服用健脑药汁，店员在配药时不小心失误了。按理说应向瓶内注入自来水，可店员却误注了苏打水。等到店员醒悟过来的时候，病人早已一饮而尽。店员非常害怕，担心病人会出现意外。结果，病人没有任何不适反应，反倒是他的头痛奇迹般地止住了。

　　潘伯顿听说这件事之后，颇受启发，他立即往健脑药汁中加入一定量的苏打水，并在"包治神经百病"的广告旁边，添上了"芳醇可口、益气壮神"等赞语。就这样，可口可乐从一种药剂，摇身一变而成为风靡全球的饮料，销量与日俱增。

　　一个业余药剂师，将一种药物加入苏打水改进为饮料，听起来的确有些不可思议。我们并不是说，每个人都要向他一样去钻研发明什么，而是说要学习他身上的那种不服输和敢于打破常规的个性。

敢于打破常规就能锻造出强大的气场吗？当然不是。气场，不是具备了某一种个性就能够练就的，它受诸多因素的影响。但是，一个没有丝毫个性的人，站在人群中永远都是不起眼的，他的气场永远都不能产生强大的吸引力，吸引到幸运和成功。这里只是提醒大家，要学会做一个有个性的人，要超越平庸更需要具备全新的思维模式和积极的行动。

事实证明，这个世界上众多的发明创造者，都是敢于打破常规的。也许你不知道，我们现在用的吸水纸，当年就是因为一位造纸工人，在生产书写纸时不小心弄错了配方，生产出的一大批无法书写的废纸。面对巨大的失误，造纸工人转变了思路：纸张无法书写，但它们的吸水性很好。于是他将这些废纸切成小块，做成了"吸水纸"。申请专利之后，他也从一个小工人变成了大富翁。

试着打开思维的固定模式吧！只有学会打破常规，敢于冲破世俗的观念，才能够找到适合自己的路，也更有益于自己走向成功。这一点，不是谁都能够做到的。如果你做到了，你就已经获得了与众不同的标签，同时你的气场也会开始逐渐变强，变得与众不同。

06. 幸运的冒险家

吉姆·伯克被晋升为约翰森公司新产品部的主任，他上任后做的第一件事，就是开发研制一种全新的适合儿童使用的按摩器。不过，产品的试制失败了，伯克心想这一次肯定会被降职或炒鱿鱼，因为他让公司赔了不少钱。

果真，伯克很快就被叫进了总裁办公室。但是，总裁罗伯特·伍德·约翰森却没有严声厉色地指责他，反倒说："祝贺你。虽然你让公司赔了大钱，但是你犯错误也说明你勇于冒险。如果没有这种精神作为支撑，我们的公司就不会有今天。"

总裁的这句话印在伯克心里，他也一直在这样做。后来，伯克便成了约翰森公司的总经理。

伯克难道不知道研制新产品有风险,可能会失败吗?他不知道这样的失败可能让领导认为自己这个刚刚上任的主任能力不佳、管理无方吗?他当然知道,甚至他还知道自己可能会因此而失业。但是,任何事情的圆满结局是等不来的,只有依靠冒险的个性去完成。所以,伯克选择了冒险,哪怕最后真的失败了,输掉了现有的一切。这是一种气场,无所畏惧的气场,勇于冒险求胜的气场!

不冒险,在平稳中度过一生,平静可靠,过着"比上不足比下有余"的生活,但这却是个悲哀而无聊的人生,一个懦夫的人生。求安逸和稳定的个性,只会葬送自己的潜能,让自己的气场由强变弱。或许,你本来有机会抓住成功的尾巴,但你却因为惧怕行动而亲手将它放弃了。要知道,与其平庸无为地过一生,倒不如做个敢于行动和冒险的人,这种个性才是让你变强大的催化剂。就像威廉·丹佛说得那样:"冒险意味着充分地生活。一旦你明白它将带给你多么大的幸福和快乐,你就会愿意开始这次旅行。"

强者之所以成为强者,是因为他们敢为别人所不敢为。走运的人往往都是敢于冒险的,因为他们成为了"第一个吃螃蟹"的人,在别人眼里他们是幸运的。这种"幸运"会使他们产生积极的气场,反过来积极的气场也会帮助他们得到更多的好运。

詹姆森·哈代是工业和体育运动方面的先驱者,他最大的个性就是喜欢冒险。

哈代是爱迪生的朋友,在爱迪生发明了电影之后,哈代也从中得到了启发。他希望能够让胶片上的画面一次只向前移动一幅,让老师们有时间详细地解释画面上产生的内容。于是,哈代开始为之努力,终于成功地实现了让画面与声音同步进行的目标,创造了真正的视听训练法。如今,他已经成为公认的"视听训练法之父"。

哈代曾经两次被选入美国奥运会游泳队,这期间相隔20年之久。他几乎每天都要游泳,有时是在湖泊中,有时是在海里,取胜的信念注入了他的血液中,让他为了提高速度这一目标疯狂地努力。后来,哈代又决定在游泳方面做出改革,他把自己的想法分别告诉了游泳冠军约翰·魏斯姆勒和杜克·卡汉拉莫库，却都遭到了否定。他们认为在水里冒险是在拿生命开玩笑，何况澳式爬泳早已确立、定型，不需要做任何改动。但哈代却说："我就是要冒这个险。"

于是，哈代再次冒着风险在一直固定不变的爬泳姿势方法上进行了大胆的改动，使其变得更加灵活自由：游泳时头朝下，吸气时将脸转向另外一侧，脸回到水下时再呼气。这种方法可以让划水的时间缩短，提高游泳速度。哈代的冒险成功了，他也没有被淹死，而是发明了我们现在常见的自由泳。于是，哈代又被人誉为"现代游泳之父"。

哈代做出的挑战和冒险是常人想都不敢想的，因为有太多的"不可能"因素存在。但也正是因为挑战了"不可能"，哈代才成了"视听训练法之父"和"现代游泳之父"。具备了如此坚定而勇敢的个性之人，有谁能够不从内心对他发出敬仰和赞叹之声呢？谁能够不被他的气场所吸引和影响呢？

那么，哈代是不是必须要冒这个险呢？很多人并不知道，哈代原本可以继承父亲在芝加哥的报业，也可以拥有一份稳定而保险的记者工作。但是，他放弃了。有人觉得他愚蠢，放弃了自己能够把握的东西。但是，哈代不愿意过那种安排好的、一成不变的生活，他有着一股不惧怕他人的质疑，敢于冒险不惧怕失败的坚定信念，这种气场是他最终能够取得成功的原因。

任何成功都有冒险的成分。其实，通观国内外众多创业的案例，成功的战略在制定之初总是带有大赌的性质。大赌的盘子大，诱惑也大，可谓孤注一掷。无论输赢，凡大赌者都需要一定的魄力与豪情。大赌前的深思熟虑、三思而行，大赌时的豪情万丈、胆识气魄，但是，大赌后的结果只能有两个：输与赢，赢则咸鱼翻身，输则倾家荡产。

这个世界上，没有任何一件事能够完全确定，或是保证成功。那些成功者与失败者的区别，不在于能力或是意见的好坏，而在于相信判断、适合冒险的个性，以及采取行动的勇气。冒险是一种大胆举动，但这不同于鲁莽，二者之间有本质上的不同。

如果你把一生的储蓄孤注一掷，采取一项引人注目的冒险行动，在这种冒险中你有可能失去所有的东西，这就是鲁莽轻率的举动，而你所具备的气场则

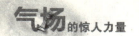

是浮躁的；如果是因为要踏入一个未知世界而感到恐慌，却还是接受了一项令人兴奋的新的机会，这就是冒险。

与此同时，冒险也不是赌"运气"，而是依靠理智。如果一点可能性也没有，却冒失轻率地去做，那就有些自负了，甚至是在亲手制造失败。我们必须具备冒险的个性，这与墨守成规相比有更多机会出头，虽然有危险和险阻，但它却是修炼个人气场的关键因素之一，也是在有限的人生道路上通向成功和幸福的捷径。

07. 乔治·马歇尔的回答

乔治·马歇尔是美国一位出色的军事领导人，他在任中校时，非常崇拜一战期间派驻欧洲的美国远征军总司令杰克·潘兴将军。但是，当他第一次与这位将领会晤时，却发生了激烈的冲突。当时，潘兴来视察一次军事演习，结果对演习情况非常不满，于是他便将部队的领导狠狠地批了一番。马歇尔恰好也在场，他认为潘兴将军的责备不公平，于是便直抒己见。潘兴对于马歇尔列举的事实非常吃惊，并就总部的很多问题与之对峙。马歇尔回答："我们每天都要碰到很多问题，而且入夜前都必须把这些问题解决掉，您根本不了解这里的实际情况。"面对直言不讳的马歇尔，潘兴也无可奈克。

20多年后的一天，马歇尔面对着一位比潘兴的级别更高的领导——总统富兰克林·罗斯福，又展露了他直言不讳的个性。罗斯福打算建造一万架作战飞机，他在提出这一计划后，在会场上神采奕奕地绕了一圈，然后问马歇尔是否认同他的计划。在场的所有人都被马歇尔的回答吓了一跳，这可是他第一次出席总统的报告会，然而他竟毫无婉转地说："很抱歉，总统先生，我并不认同您的计划。"会议结束后，罗斯福找马歇尔单独谈话，这无疑表明，他已经被直言不讳的马歇尔说服了。

还有一次，马歇尔在担任陆军参谋长期间，与他的上司展开了公开的对抗。

当时会议的主题是人员与飞机的动员，以此来适应美国可能介入的欧洲大陆的战争。当时，会议给予马歇尔的发言时间只有三分钟，但他直言不讳地说出了各种现实问题，如军营、口粮、武器供应不足，新式大炮和防空炮并未投入生产，德国部队的兵力多么强大，等等。马歇尔的慷慨陈词，早已经超过了三分钟，但他却把美国陆军的缺点揭露得一览无余，在座的所有人不得不心服口服。

面对自己崇拜的将领和国家总统，马歇尔依然能够做到直言不讳，指出他们的不当之处，指出实际存在的种种问题，说服美国军队的集体领导层，让他们慎重考虑自己的决策。不能不说，他的气场是非常宏大且具有震撼力的。

生活中，人们总是不大喜欢直言不讳的个性，认为这样的人太过于挑剔，甚至惹人反感。因此，我们就很容易看到类似的情形：虽然对于周围人的某些言行举止看不过去，甚至明知道他们的所作所为是错误的，也会为了顾及面子而让自己的想法烂在肚子里。更有甚者，因为自己与对方的身份存在巨大的悬殊，便不敢直言，做一个"跟屁虫"，别人说什么是什么，从不敢提出异议，更不敢做出任何抗议的行动。这种人，可能会过得平安无事，但却难以形成震慑众人的气场，他们给人的感觉就是平庸无能的，甚至是随波逐流或是阿谀奉承的。

事实上，对于那些不可一世的人，若总是一味地迁就和谦让，往往就会引来肆无忌惮的紧逼。这时候，不妨拿出直言不讳的个性，点破他们的缺点和不足。在你讲述事情的情况下，他无法撕破脸与你做些无聊的争论，只能够无可奈何地被你说服。同时，当旁人看到你有直言的勇气，自然也会被你的气场感染，站在真理的一方。

最可悲的是，一些人明明晓得真理，却又轻易放弃。原因是他们不敢向固定的习俗和强大的权威挑战，不敢说出自己的意见。即便迈出了第一步，却又会因为流言飞语和外界压力而半途而废。这种人的气场是不坚定的，当他们意识到坚持可能会付出代价的时候，就会退缩。要知道，真理往往不是淹没于身份的卑微，而是淹没于内心的怯懦。

伊格纳兹·塞梅尔维斯，是一名匈牙利籍医生。他在维也纳的一家妇产科

医院实习时,发现了一个可怕的情形:有10%的产妇都死于产褥热,这些产妇都是穷人,而在家里生产的富有家庭的产妇们,却很少出现类似病例。

后来,塞梅尔维斯找到了事发的原因。他仔细观察医院的日常工作,发现病人的感染源竟然是医生!有些医生在解剖完尸体之后,直接从停尸房回到产房对产妇们进行检查。对此,塞梅尔维斯提出了一个实验建议:让医生们在接触产妇之前先把手洗干净。

对于医生来说,洗一下手根本算不上什么事。然而,因为这个建议是实习医生塞梅尔维斯提出来的,他在医院里"什么都不是",按他的话去做事,岂不是很可笑?他向自己的上司直言不讳地提出这个建议,被当时的医学界视为蔑视权威。更何况,洗一下手再接触产妇,就等于承认了产妇的死亡是医生的责任,这是权威们绝对不能接受的。

可怕的是,死亡还在继续。那些医生们所关心的不是病人的安危,而是对权威的尊重和服从。塞梅尔维斯已经无法再顾及人与人之间那种庸俗的权威关系了,他义无反顾地坚持了自己的看法。去产房,去停尸房,他向每个医生发出请求:"洗一下自己的手!"坚定而固执的声音,一遍又一遍地回响在医院的走廊里。在穷尽了对塞梅尔维斯的各种讽刺和嘲笑后,医生们终于开始同意用肥皂洗手。接下来,奇迹也发生了,大批的产妇死亡停止了。塞梅尔维斯的直言拯救了成千上万条生命。

与此同时,塞梅尔维斯因为冒犯权威,被迫离开了医院,后来又因为无法忍受精神上的折磨,在解剖室里将一把刚刚解剖过尸体的刀片,刺进了自己的手掌,最终死于血液感染。在他去世后的两年,"消毒外科手术"得到了普及。在后来的医学界,在人们的心目中,塞梅尔维斯成了英雄。

塞梅尔维斯有直言不讳的个性,但他的内心却少了一股坚定的信念,所以他看不到自己成为"英雄"的那一刻。塞梅尔维斯的经历也告诉我们:当认定自己的想法是对的,就要敢于直言不讳,绝不向权威妥协。有了这股坚定的信念,散发出的气场就是坚定的,有了这股信念,就能让真理浮出水面,让你成为一个有影响力的人。

※ 第6章　水元素与欲望 ※

> 这个世界上优秀的人很多,但有人气的并不多,因为多半人的气场都是残缺不全的,只注重外在的人气的追逐,却少了内在的势与格局。内在的势与格局,决定着一个人的外在。人生没有什么不可能做到的事,就看心有多大。有了成功的欲望,为了这个目标不断地努力,永远不把一次成功当成永远的成功,永远不让攀登的欲望停歇,就会成为一个气场强大且终会成功的人。

01. 不做聪明的平庸者

1949 年的一天,有个 24 岁的年轻人,带着自信的笑容走进了美国通用汽车公司应聘。当时,公司只有一个空缺的职位,而面试的人也告诉这个年轻人,那个职位太重要了,竞争也很激烈,你是新手很难应付。但是,年轻人的回答很坚定:"不管工作多么棘手,我都可以胜任。不信的话,我做给你们看……"

年轻人自信的气场感染了面试官,面试官给了他一个机会。随后,面试官对自己的秘书说:"刚刚,我雇佣了一个想当通用汽车公司董事长的年轻人。"

年轻人进入公司工作后,首先认识了一个叫做阿特·韦斯特的人,他对自己的新朋友说:"我将来要成为通用汽车公司的董事长。"当时的阿特·韦斯特觉得他是在吹牛。可是,32 年之后,这个名叫罗杰·史密斯的年轻人真的坐上了

通用公司董事长的位子。

在那些聪明勤恳、刻苦努力的人看来，罗杰·史密斯年轻时说得那番话，简直就像是傻子在表演，真是不知天高地厚。一个个刚刚来面试的人，竟然宣扬要做公司的董事长，这怎么可能？可事实上，罗杰·史密斯做到了。再看看生活中那些态度认真，在岗位上几十年如一日辛苦劳作的人，他们的人生似乎并未有多大的成就。为什么会有如此大的差距，每个有上进心、不甘平庸的人都会这样问：到底是为什么？

其实，这个世界上，每件成功的事情，在它没有变成事实之前，就只是一个梦想，甚至是一颗蠢蠢欲动的心。美国著名的成功学家拿破仑·希尔，曾经观察过许多家庭背景完全不同的人。这些人中，有的接受过良好的教育，有的则从未读过书；有的人家境富有，有的则非常贫穷。他们从事着不同的职业，来自不同的国家，有着完全不同的个人哲学。但是，在这些人当中，只有很少的人才算得上成功，他们能够赚钱养家，同时也获得了别人的尊敬，有一定的影响力。剩余的绝大多数人，都只过着平庸的生活。经过很长一段时间的研究，拿破仑·希尔终于找到了问题的答案。

那些取得成功的人，从内心深处就不甘于平庸，他们有自己的人生规划，有一颗蠢蠢欲动的野心，更重要的是他们知道如何去实现自己的野心，并且知道如何鼓舞自己去追求梦想。就算周围的气场与他们的意志相悖，他们也不会动摇，他们坚信自己的梦想会实现。

本侯根是一位著名的高尔夫选手，不过他并没有其他选手那么好的身体，能力上也有所欠缺，但是他有决心，有毅力，特别是在追求成功方面的野心，无人能及。

本侯根有两个职业。在他的高尔夫事业达到顶峰的时候，他不幸遭遇了一次意外。那是一个有雾的清晨，本侯根和太太维拉丽行驶在公路上。当他在一个拐弯处准备掉头的时候，突然看到了一辆巴士的车灯。在危机的时候，本侯根想都没想，就把自己的身体挡在太太的面前，试图保护她。

这个善意的举动最终救了他。因为方向盘被深深地嵌入了驾驶座。事后，本侯根昏迷了好几天才得以脱离险境。医生们告诉他，他今后不能够再打高尔夫球了，能够站起来走路就已经不错了。

不过，医生在说这些话的时候，忽略了本侯根的毅力和需要。他刚刚能够站起来走几步的时候，就萌发了出人头地的想法。本侯根不断地练习，增强臂力，不管走到哪里，他都保留着高尔夫俱乐部的资格。

最初，本侯根走路时摇摇晃晃，当他再次回到球场的时候，也只能够在高尔夫球场的轻打区蹒跚而行。后来，当本侯根稍微能够走路、工作的时候，他就回到了高尔夫球场练习打球。开始他只是打几个球，但他每去一次都坚持比上一次多打几个。最后，当他重新参赛的时候，他的名次迅速上升。

这一切，都是因为本侯根有种强烈的野心，那就是只做球场上的高手。而普通人与成功人的差别，也就源于这种野心的大小。

这个世界上，所做的每件事都是抱着希望做成的。野心，这个词语听起来不太入耳。可实际上，如果没有一颗野心的话，真的就只能平庸下去。因为野心就是雄心，是目标，是方向。

有了远大的、明确的目标，有了火热的、不可磨灭的信念，才会产生坚决而有力的行动。有了实现目标的欲望，才能够不畏惧困难，才能够经得起磨难，才能够义无反顾地朝着目标走过去。这种欲望越强烈，成功的可能性就越大。欲望和野心就像是一块磁铁，吸引着人们向目标靠近，而他们本身也具备了这样的磁场，吸引着成功，让它们朝自己走来。

人生的平庸与辉煌，完全取决于"野心"的有无，平庸与辉煌的程度，则取决于野心的大小。如果你渴望与罗杰·史密斯一样，能够坐上理想中的职位；或是像本侯根一样，在自己从事的领域树立影响力，走出一条属于自己的路，那么你要做的第一件事就是树立野心。这样才可以从根本上改变你人生的航标，改变你的心智。当你有了追求和必胜的信念，你就会奋发图强，全力以赴地实现自己的"野心"。想象一下：这时候的你，是多么地不同凡响，多么地有魄力和魅力！

02. 像渴望空气一样渴望成功

　　罗文出生在阿肯色州，一直在曼哈顿混日子，后来又去了东南亚。然而，到他35岁回国的时候，他已经从一个不学无术的穷小子变成了身价千万美元的富豪，而这一切，都源于他内心的转变。

　　过去，罗文一直在曼哈顿的街头用扑克牌骗人，每天过着提心吊胆的日子，生怕被警察抓进监狱。但他并不觉得贫穷的日子有什么不好，虽然周围的亲人朋友都在为了生活忙碌着，他们的生活也像火箭升天的速度一样发生着改变。每个人都绞尽脑汁地赚钱，罗文却一直玩世不恭，还把这种生活当成潇洒和时尚。罗文最喜欢研究有关世界末日的话题，他常常说："地球就要毁灭了，你做的这些事情有什么意义呢？"

　　然而有一天，罗文受到了羞辱。他去叔叔家吃饭，却被挡在了门外，叔叔冷嘲热讽地说："很抱歉，罗文，这里没有你的饭。"罗文离开了叔叔家，在街头上游荡，他突然觉得自己如此悲哀。他想："为什么他们要如此对待我？"逛了几圈之后，他终于明白：想要改变这样的生活，就必须和他们一样。

　　其实，在这之前，罗文一点都不喜欢钱，甚至鄙视一切与财富有关的东西。每次看到股票新闻，他都想要呕吐；路过银行门口的时候，他也会想到"钱算什么呀"。总之，那时候的他不希望变成什么成功人士。可是现在，他发现自己生存的夹缝越来越小了，就连和他关系最紧密的亲人和朋友都开始"嫌弃"他。因为罗文给人留下的印象太糟糕了，无论做人还是做事，都让人觉得是不可理喻的。谁愿意和一个整天无所事事、终日在街头拿着扑克牌瞎混的男人交往呢？

　　罗文决定要改变自己。他发誓：一定要成为有钱人，别人拥有的东西，自己一样都不能少，这是最起码的。于是，他开始在曼哈顿推销日用品，后来又到东南亚去做电器生意。后来，他开设了自己的公司，注册了自己的品牌，生意越做越大,如今他已经拥有十几家分公司了。

如果当初被叔叔赶走的时候,他只是耸耸肩一笑,继续过自己无欲无求的日子。那么,现在的罗文是什么样子呢?罗文自己说:"我简直不敢想象,或许是在监牢里赎罪吧!"

世界上的平庸者,就像是过去的罗文,习惯过着无欲无求的日子,甚至巴望着天上能够掉下一个馅饼。当然,也有人脑子里想着要成功,但却没有拼尽全力展现自己的内心的欲望,以为守株待兔能够在自己的身上应验。这两种人的人生,注定不会精彩,因为他们缺少了一股像"渴望空气一样渴望成功"的激情。

皮尔·菲尔在《气场》(*Charisma*)一书中,曾经提到构成气场的三个部分:势,格局,人气。

所谓"势",就是指恰当的时机,展现自己的野心或是目标。渴望成功是做人做事的基础,顺势而为的人往往能事半功倍。

一个人要取得成功,有了"势"的激情还不够,更需要理性的规划,这是实现目标的保证。所谓"格局",就是指谋划布局的能力和严谨的计划,它能够完美体现出一个人的气场格局。

最后我们要说的是"人气",内在的势与格局,决定着一个人的外在。怎么样才能够拥有足够的人气?这需要一个人具备领导力、人脉和影响力。这个世界上优秀的人很多,但有人气的并不多,因为多半人的气场都是残缺不全的,只注重外在的人气的追逐,却少了内在的势与格局。

在上述构建气场的三个要素中,最重要的是"势",它是位居第一位的。为什么这样说呢?我们不妨举个简单的例子:两个人坐在一起,当有个面包出现在他们面前的时候,如果其中一个人抱着无所谓的态度,而另一人却十分想要得到面包,那么竞争的结果显而易见。谁有了得到的渴望,谁就会占据上风,如果想都不想,那就不用谈得到了。只有想要,才可能有积极进取的态度,少了这点,上帝也不会可怜你。

其实,在生活中一样如此。梦想就在我们触手可及的地方,如果你有抓住

它的"渴望",那么成功就有可能属于你。世界酒店大王希尔顿,就是一个对成功充满渴望的人,他也是凭借着这种"势",最终实现理想的。

希尔顿中学毕业后,考上了墨西哥州的矿冶大学。然而,他对矿冶没多大兴趣,而是希望以后成为一名银行家。

1917年,希尔顿带着自己的梦想,筹集了5000美元开办了一家小银行。当时,凭借这点资金想要在银行业立足发展,简直就是笑谈,因为摩根银行、花旗银行、波士顿银行等实力雄厚的银行早已将美国银行业垄断。所以,刚刚踏上理想道路的希尔顿,很快就被现实打击了一番。

希尔顿的银行家之梦破灭了,想到自己而立之年没有任何成就,甚至还没有找到未来的发展方向,希尔顿心里烦躁不已。但是,他不相信自己这辈子会平庸无奇,他时刻都渴望着成功。

就在这个时候,希尔顿忽然听到一个消息:得克萨斯州那里有人挖石油,竟然一夜之间成了富翁。于是,希尔顿也跑去碰运气。到了那里他才发现,石油行业也需要投入大量的资金,而他根本没有这个实力。希尔顿更加失望了,他决定过些天回家另找出路。

那天晚上,希尔顿在街上逛了很久,最后心力交瘁的他来到一家旅馆,准备休息一晚。不料,那家旅店没有空房。希尔顿向伙计打听得知:原来,到这里找石油的人非常多,旅馆每天都是客满,而且店里的房间一天一夜分三次出租,一个人只允许住八个小时。这就是说,在这里住上一天一夜,要比在其他地方住多付两倍的钱。希尔顿灵机一动:为什么不在这里开旅馆呢?于是,希尔顿想办法买下了这家小旅馆,这是他拥有的第一家旅馆,也为他未来的事业奠定了第一块基石。

不久之后,希尔顿做了一个重大的决定:要建造一个以自己名字命名的旅馆王国。1925年,第一家"希尔顿酒店"在达拉斯完工。到了1929年,当希尔顿的事业蒸蒸日上的时候,却遭遇了经济危机。希尔顿没有泄气,他凭借着顽强的毅力坚持了下去,希尔顿酒店一家接着一家的开业了,陆续分布在美国的各大州。在成功欲望的支配下,希尔顿又把自己的目光投向了国外,先后在英国、日本等国家开设了酒店。

时至今日,希尔顿的酒店已经遍布世界,他的资产发展到数百亿美元,成了名副其实的酒店大王。

希尔顿的成功不是偶然的,也不是命运的垂青,而是他对成功始终保持着一种渴望。如果没有这种渴望,即便是到手的成功,也可能会失去。有了一颗渴望成功的心,就有了积极的气场,它也会帮助你吸引到幸运、机会和成功。

03. 乔布斯的欲望

《成功》杂志中每年都会刊载该年度最了不起的实业家和创富者的故事。这些故事的主人公都有一个共同点:从不放弃前进的欲望。史蒂夫·乔布斯就是其中的一个典型。

当年,乔布斯在开发苹果计算机的时候,心中有一个愿望,那就是把计算机普及到普通市民的手中。当乔布斯被迫退出苹果公司时,他已经很富有了,并成为了"民间英雄"。当时的乔布斯,完全有足够的理由放弃继续努力,安然地过生活,但他并没有这样做。

经过一段时间的调整后,乔布斯的内心又燃起了新的欲望:组建新公司。于是,内克斯特公司诞生了。内克斯特公司是计算机行业中最强大的竞争者之一,它以自己独特的方式发展着,根本无视计算机硬件工业中的那些殊死搏斗。后来,内克斯特公司正不断地为苹果计算机提供操作系统,帮助苹果公司重振雄威。

按理说,这样的成就已经很不错了,甚至是多数人望尘莫及的。然而,乔布斯并不满足,他又开始攀登新的高峰:组建"皮克萨尔电影制片公司"。这是乔布斯引人注目的又一大事件。就在"皮克萨尔"向世人公布的那天,乔布斯总资产已超过了12亿美元。在奋斗的过程中,乔布斯不断地积累资金,雇佣最优秀

的人,向世界证明"皮克萨尔"是一个世界级的动画片公司,签署重要合同,在公众面前代表公司等。与此同时,乔布斯又把"皮克萨尔"创造为一个具有一流工艺的计算机绘图生产基地,而这在他创立"皮克萨尔"以前,就已经考虑到了。现在,乔布斯只是义无反顾地把设想变成了现实。

乔布斯的成功,一方面是他个人能力造就的,另一方面就是他内心有一种不断攀登高峰的欲望。有了这种动力作为支撑,他就具备了永不止息的意志,最终帮助他实现自己的目标。

不过,在乔布斯的奋斗历程中,不都是风光和耀眼的成就,他也遭遇过巨大的压力和困境。我们普通人面对生活和工作,还可能会遇到挫折,更何况要成就一番大事业呢?为什么乔布斯能够看似"很轻松"地渡过一个又一个难关,而你却可能因为一件不如意的事就丧失了斗志?很简单,因为乔布斯的内心有一种强烈的欲望:不管发生什么事,都要成功;不管取得了多大的成就,还是要攀登更高的山峰。而你,有这种坚定的信念和强烈的欲望,有这股积极而不畏惧的气场吗?

在通往成功的道路上,有三种人:第一种人是主动放弃的人;第二种人则是半途而废的人;第三种人就是善于攀登的人。

放弃的人,从一开始就拒绝前行,安于现状,他们的周身都散发出平庸的气场。半途而废的人,往往是欲望不强烈,意志不坚定的人,一旦遇到了挫折和失败,就会丧失最初的动力,停止攀登。与这两种人相比,攀登者就不同了,他们就和乔布斯一样,知道自己想要干什么,有很强的热情,成功的欲望无时无刻不在引导着他们向前冲。他们知道,山的顶峰不一定能够有最好的风景,但它却有着一种诱人和神秘的力量,就连攀登的过程也充满了诱惑。即便遭遇了险境,也绝不妥协,因为他们太渴望成功了。在他们身边,你会被他们所感染,甚至在他们身上找到属于自己的信念,产生对成功的渴望,这就是他们的气场散发出的影响力。

欲望强烈的人,往往都坚信一点:某些事比他们自身更强大,而他们要做的就是去征服它们。对成功的渴望令他们周身充满力量,做别人不敢做的事,即便有人已经确定了有些路线不可以走,他们也绝不相信,而是偏要从这些路线上攀上顶峰。有了这种欲望和著着,他们往往都会走出一条不寻常的路。

富勒家中有7个兄弟姐妹,他从5岁开始工作,9岁时会赶骡子。她的母亲经常和他谈起自己的理想:"我们不应该贫穷,不要说贫穷是上帝的旨意,我们没有理由怨天尤人。我们现在这么穷,是因为你的父亲没有改变贫穷的欲望,家里的每个人都胸无大志。"

富勒记住了母亲的话,此后他一心想跻身于富人之列,努力追求财富。12年后,富勒接手一家被拍卖的公司,并且还陆续收购了7家公司。问及他的成功秘诀,富勒说道:"虽然我不能成为富人的后代,但我可以成为富人的祖先。"

有了成为富人的欲望,不断地向富人的行列靠近,所以富勒成功了。其实,这个世界上还有很多取得巨大成就的人,他们都是依靠着欲望,依靠着不断进取的毅力,在人群中脱颖而出的。比如,日本保险女神柴田和子,她一年创下了804位业务员业绩总和的惊人业绩。1988年还创造了世界寿险业绩第一的奇迹,荣登吉尼斯世界记录。此后,她更是逐年刷新纪录,至今都无人能够打破。提到她的成功经验时,柴田和子说:"要成为一个成功的行销人员,就要有'欲望','有为者亦若是'的欲望,'这个月要达到这个目标'的欲望,'要贡献社会,见贤思齐'的欲望,'要成为众人楷模'的欲望,然后是'要满足欲望'的欲望。要实现就必须有计划,但有时有了计划不见得一定会成功。"从柴田和子的话中,我们能够感觉出,她就是因为有了欲望才创造了奇迹。

其实,人生没有什么不可能做到的事,就看你的心有多大。要成功,就要先有成功的欲望,然后为了这个目标不断地努力。永远不把一次成功当成永远的成功,永远不让攀登的欲望停歇,你就会成为一个气场强大且终会成功的人士。

04. 找到属于你的磁石

有位哲学家来到一个建筑工地,看到三个正在砌墙的工人。哲学家问:"你在做什么?"

第一个人头也不抬地说:"我在砌砖。"

第二个人看了哲学家一眼,说道:"我在砌一堵墙。"

第三个人热情并满怀憧憬地说:"我在建一栋大厦。"

听完他们的答案之后,哲学家很快判断出了三个人的未来。第一个人眼里只有砖头,他一辈子能够把砖砌好,就已经不错了;第二个人眼里有墙,如果努力的话能够成为一名工头或是技术员;而第三个人,虽然与前两位做着同样的工作,但他给人的感觉却很不同。他有"远见",他心中有一座大厦。

多年之后,三个人的命运果真就如同哲学家预料的那般。

这个世界上有很多事情就是如此奇妙,哲学家并不是预言家,预言的实现不过是他抓住了人的心理:当人的心里有了远大的目标,他就会朝着这个方向去努力;当一个人抱着敷衍了事、得过且过的态度,他的人生不会有太大的成就。反过来说,那些为了远大目标而不懈努力的人,总是会感染周围的人,散发出强大的个人魅力,这就是他们的气场;而那些目光短浅、胸无大志的人,通常只会解决眼前的问题,他们注定无法产生号召力,一生都是别人的陪衬和附庸。

人应当有远见,有远大的目标。远大的目标会给人带来创造性的火花,让他们离成功越来越近。就像约翰贾伊·查普曼所说得那样:"世人历来最敬仰的是目标远大的人,其他人无法与他们相比……贝多芬的交响乐、亚当·斯密的《原富》,以及人们赞同的任何人类精神产品……你热爱他们,是因为,这些东西不是做出来的,而是由他们创造性地发现的。"

不过，生活中总是有一些人会这样抱怨道："唉，我没他那么好的命，人家能够成功是因为有现成的条件，我就不行了……"暂且不论成败与否，这种人在气场上首先就给人一种颓败的感觉，不自信，相信命运胜过相信自己。其实，成功与失败就根本上来说，并不仅是外部环境决定的，而是我们内心的目标所决定的。换句话说，如果你没想过成功，没想过变得富有，那么成功与富有就注定和你无缘。你可能还不太相信这样的说法，没关系，看看石油大王保罗·盖帝是怎么解释的吧！

美国石油大王保罗·盖帝曾在他的自传中，提出过一个非常有趣的设想：把世界上所有的现金和所有的产业混合在一起，平均分给全球的每一个人，让每个人都拥有一样多的财富。创造一个公平的环境，每个人都站在同一起跑线上。

半个小时之后，全球这些财富均等的人们，他们的经济状况马上就会出现显著的改变。有的人这时候已经丧失了自己分得的那一份，可能是因为他豪赌输光了，可能是因为盲目的投资而赔了，也可能是因为被人骗了而导致破产。

于是，财富分配又重新开始了，有些人的钱变少了，有些人的钱变多了。随着时间的拖长，这种差别会越来越大。等到三个月后，贫富悬殊的情况会大得惊人。

保罗·盖帝特别强调说："我敢打赌，再过一两年之后，全世界财富的分配情况会与没有平均分配之前一样。有钱的还是那些人，贫困的人依然不会有所转变。你可以说这是命运，也可以说这是自然法则，总是有些人的目标和行动，就会使他们比别人所受到的尊重多，因而他拥有的财富也将会更多。"

保罗·盖帝的设想不可能成为现实，但我们不得不承认，心存高远而值得尊敬的目标，才是成功的真正本钱；那些受人尊重的人，也往往都是目标远大、行动可取的成功之人。就像道格拉斯·勒顿所言："你决定人生追什么之后，你就做出了人生最重要的选择。要能如愿，首先要弄清楚你的愿望是什么？"

与此同时，内心的欲望和目标强大与否，对提升个人的外在气场也有极大帮助。

有了远大的目标，就意味着今后要做大事，为更多的人和事费心费力，在更大的范围里解决更多的问题。要解决这些问题，就必须有巨大的本领，要有多方面的知识、技能，甚至还要超越个人的得失，作出某些重大牺牲。在这一过程中，你逐渐获得了超乎常人的知识和能力，变得胸怀宽广、大公无私，以你独有的方式为公众、为国家、为世界的进步服务。毫无疑问，这个时候，你的气场就已经得到了潜移默化的提升。

无论是欲望、信念、个性，这些都是凝聚个人气场的基础。只有内在和外在兼具吸引力，才能够形成独特的气场；只有那些优秀的人，才能够在某个场合和阶段成为最受他人欢迎的"磁铁"，让别人惦记着他，原因并不是他多么有个性，而是他多么重要。人们总是想要看到他，与他交谈合作，听他说话。如果他不是一个比其他人都要棒的人，他也不会有如此大的吸引力。

比如迈克尔·乔丹，当你跟他比赛时，他投球比你准，速度比你快，防守比你好，进攻比你猛，在每一方面，在篮球上所需要的成功关键，他都比别人要好一点，所以他成了有史以来最伟大的篮球明星，他一上场就能够让所有的人欢呼叫好。

如果你也有了"要比别人更好"、"成为最优秀的人"的目标，并努力让之成为现实，那么你也能够拥有和乔丹一样的感召力。所以，现在你需要做的就是，让自己变得与众不同，让自己变得优秀，让自己有取得成功的素养和能力。当你具备了这些东西时，那么你的气场也会随之而改变。

05. 我有一个梦想

　　四十年前的一天，一个黑皮肤的男孩依偎在母亲的怀里，指着电视里一个慷慨陈词的人说："妈妈，他是谁？"那个白皮肤的年轻女人笑着告诉孩子："他是个领袖，是个了不起的人物。"男孩年龄还小，他不知道领袖到底是什么？但他看到电视里黑压压的一片，全是和自己一样肤色的人，那么挥舞着手臂，有的还热泪满眶。这一切，都是因为台上那个激情四射的人。那位领袖不断地重复着一句话："我有一个梦想"。男孩也跟着说道："我有一个梦想。"

　　四十年后的一天，一位皮肤黝黑、年轻英俊的黑人，在芝加哥璀璨的夜空下发表演说。台下是一双双充满渴望和期待的眼神，只是这一次，除了黑皮肤，还有白皮肤和黄皮肤。很多事情都变了，唯一不变的是台下依然有个小男孩问母亲："台上的人是谁？为什么那么多人听他讲话？"那位母亲没有过多的介绍，因为全世界都知道他的名字，她只是温柔地重复了一遍："他叫巴拉克·奥巴马，是个领袖。你要向他学习，以后才能够成功。"

　　男孩不明白母亲的话，就像当初幼小的奥巴马不懂母亲说得关于马丁·路德·金的话一样。但是，他们的精神却传递给了世界上无数的人：心中有怎样的未来，脚下就有怎样的路。只要你种下了梦想，总有一天它会发芽。

　　奥巴马的气场太强大了！这一点没有人会怀疑。有人说，他具备了肯尼迪的气质，具备了林肯的口才，具备了马丁·路德·金的号召力。可他自己却说，魅力源于说出民众心里的话，源于不断的创新和不灭的希望。的确，他不仅是一位伟大的领袖，他个人的经历给世人传递出的启示：不管你的出身如何，你的背景如何，只要你拥有勇往直前的决心和勇气，坚定自己的梦想，就一定可以抵达成功的彼岸。

　　不管是历史中的那些伟人，还是现代社会中那些杰出的精英人物，他们之

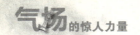

所以能够获得惊人的成就，都是因为他们曾有一个梦想。这个梦想就是他们内心对人生、对自己的一种渴望，他们日后能够取得多大的成就，与这个梦想的高度息息相关。也许你的梦想听起来并不够伟大和崇高，但只要你坚定了它是重要的东西，是你最渴望得到的，那么你的生活和你自己，也会因为这个梦想而改变。

当你心里想着："我要有一栋属于自己的房子，再不用成为城市里的'流动人口'。"这是你的梦想，即便对于你现在的状况而言显得有些奢侈，然而这个梦想一旦在你心里扎了根，你就会为了自己的房子而不断地努力。面对工作，你会变得更加积极主动，原本过去只是拜访一个客户，可现在你为了尽快实现自己的理想，会去拜访两个甚至三个。因为你希望自己的事业能够好起来，赚取更多的钱。于是，你整个人在工作中的状态就会发生改变，你带给周围的同事和老板的印象也会所有改变，他们会觉得你充满着活力，你如此积极向上，勤勤恳恳。

当你心里想着："我今后要开设一家属于自己的餐厅。"当这个梦想成为你最心动的目标时，你就会为了实现它而启动你的创造力，引发你的热情。当一个人怀着迫切希望成功的愿望时，只要是积极有益的事情，他总能乐意地去做。这种"渴望成功的需求"，实现梦想的希望，往往会产生惊人的力量。

梦想，是我们内心对生活的憧憬，更是促使我们改变现状的动力。有了梦想，人就会变的积极，不畏挑战，不畏艰难。一个有梦想的人，周身总是给人一种充满希望的感觉，这种气场是积极的、充满阳光和斗志的，有了这股气势，自然也能够给他们带来想要的结果。这就如同蜜蜂寻求生命意义的过程。蜜蜂不是存心为花朵传递花粉，它的目标只是花蜜，可是在寻找的过程中，它的腿上沾满了花粉，等它飞到其他花朵上时，神奇的生命连锁反应就开始了，结果就是满山的万紫千红！

美国的玫琳凯女士，46岁时突然接到了降职通知，理由让她感觉很不舒服：因为她是女性。于是，玫琳凯决定要建立一家给所有女性提供平等机会、帮助更多女性实现自我价值、丰富女性人生的公司。

1963 年 9 月 3 日，玫琳凯在这个梦想的支撑下，正式建立了玫琳凯化妆品公司。当时，公司的资金只有 5000 美元，办公场地在一间 46 平方米的仓库，员工是 9 名普通的家庭妇女。如今的玫琳凯公司，已经成了一家跨国的大型化妆品企业集团，成为全美最畅销的护肤品和彩妆品牌，它的年营业额达 25 亿美元，拥有了 130 万名美容顾问，分公司遍布在 36 个国家和地区。全球上百万的女性，因为它而变得美丽，更因为它而获得了发展事业的机会。

与此同时，玫琳凯女士也被美国电视网站评为 20 世纪妇女精英。这一切的发生，都始于玫琳凯女士的一个念头，一个简单的梦想。

当初，如果玫琳凯女士被辞退后消极以对，那么后来的她不会有什么大作为，更不可能用自己的梦想和信念感染数以万计的女人，让她们与自己一样，活得漂亮，活得精彩。

如果现在的你是个没有存在感和影响力的人，那么你一定也没什么梦想。别急着辩解说"你怎么知道我没有梦想"？至少，你的"梦想"只是个想法，你没有为之付诸努力，只能是空想，或者说就是个"梦"。然而，就像著名作家古龙先生曾经说过得那样："梦想绝不是梦，两者之间的差别通常都有一段非常值得人们深思的距离。"

真正的梦想可以产生动力，可以作为一种人生信念，可以改变一个人的行为方式，改变他的气场乃至他的人生。所以，把你的梦想当成对自己一生的"承诺"，严肃认真地去面对它、实践它吧！

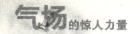

06. 野心的威力

起初，她不过是一家大公司的基层员工，每天负责给人端茶倒水，打扫卫生，几乎没有人注意她。

一次，因为没有带工作证，公司的保安把她挡在了门外，不让她进去。她声称自己的确是公司的员工，是因为要给公司买办公用品走得匆忙，把工作证丢在办公室里了。可是，不管她怎么说，保安都不理会。与此同时，也有一些与自己年轻相仿，穿着职业装的白领们进入公司的大门，他们是那么随意，有的也没有佩戴工作证，而保安却不闻不问。

她问保安："刚刚进去的那位女士也没有带工作证，你为什么让她进去？"

保安用鄙视的目光看了看她，冷冷地摆摆手，意思是说："你赶紧走，就是不让你进，你和人家不一样！"

她感觉自己受到了羞辱，自尊心就像被人当众踩在脚下。她看着自己寒酸的衣装，再看看那些衣着整洁、气质不凡的白领们，她的心被刺痛了，有一种被人歧视的感觉。她心跳骤然加快，脸上烫烫的，这时候她在心里发誓：我一定要成为万人瞩目的富豪，成为一个人人敬仰的强人。让这种屈辱永远地成为过去！

此后，她利用所有的闲暇时间来充实自己。每天，她都是第一个来公司，最后一个离开，舍不得浪费每分每秒，让自己不断地学习。很快，她就脱颖而出了。在同一批聘用者中，她第一个成了业务代表；随后，又因为工作业绩突出而被任命为这家跨国公司的中国区总经理。她就是微软公司中国公司的总经理、商界女杰、被人誉为"打工皇后"的吴士宏。

有了改变自己的决心，有了成为万人瞩目的强者的野心，吴士宏成了"打工皇后"。相信这个时候，不会再有人把她拒之门外。

很多时候，野心都被人视为贬义词。可如今，如果一个人没有"野心"，他在生活与工作中就可能会安于现状，缺乏激情，无法先于他人抵达成功的彼岸。一个甘于平庸的人，无论如何也制造不出强大的气场，因为他的内心少了一股气势，一种迫切想要改变现状、改变自我的欲望。

列维·托尔斯泰年轻时，曾在日记里这样提到：正是自尊和野心时常激励着他去行动，让他回昧无穷的经历是在杂志上阅读关于《马克尔的笔记》的评论。托尔斯泰发现这些评论既能供人消遣又具实用价值，因为从中能看到"野心的亮光可以唤来行动"。

如果渴望成就一番非凡的事业，就必须要有"野心"。这是对未来抱有强烈而美好的憧憬，只要有可能发生就应该去尝试。虽然积极的态度不一定能够换来成功，但是不积极的态度一定会让你碌碌无为。可以说，有了野心，有了目标和行动，你就有了必胜的气场，也就等于成功了一半。

三洋电机公司的创始者井植几男，最初就是因为有野心才把自己的公司命名为"三洋"。

当初，公司的规模小得可怜，简直就是个小作坊，主要生产并销售自行车灯。但是井植却说："公司的名字就要'大'，之所以叫三洋，就是希望公司的产品能够卖到太平洋、大西洋、印度洋等各大洋的国家。"与此同时，他还说："今天，我们的三洋电机公司虽然只有20人，可是我们的前途却像大洋一样宏大。在这里所制造的脚踏车自动发电灯，不久的将来可以卖出200万个。不！现在世界人口有27亿，其中使用脚踏车的人大约有10亿，这10亿人的一半，就是5亿人，我们来让他们使用本公司出产的灯吧！"

正如井植的野心一样，三洋电器后来真的像海洋一般，在激烈的家电业竞争中，开辟出了一条属于自己的道路。

一个人的价值永远超不出他的雄心。野心，是人们对成功的欲望和渴求。没有了野心，人就会变得鼠目寸光，变得安于现状。在这个世界，没有人生来就拥有一切，也没有人不能够依靠自己的力量改变命运。关键是，你必须树立一个能够达到并值得达到的目标。有了这样的野心，你才可能有成就，你整个人才会不一样。

　　就算是不追求像伟人一样的成功，只图生活和工作更上一层楼，我们依然需要有野心。对于那些没有野心的人，究竟在生活中会失去什么，我们不妨看看丽兹·罗曼·加勒的一段经历。

　　丽兹·罗曼·加勒曾经写过《哈佛女人》一书，她在书中解释了为什么很多人不能够出色，不能够成功的原因——没有野心。

　　丽兹·罗曼·加勒最初在《华尔街日报》波士顿分局工作。一天，公司派她到纽约去工作，这个机会千载难逢，她可以借此承担更多的责任，完成更多的工作，当然也可以获得更好的发展。然而，加勒犹豫了，因为她想到自己的丈夫刚刚成为一名律师，两人在波士顿扎了根。当时，报社里还没有过女性分局长，加勒思考了半天，还是拒绝了公司的建议。

　　后来，加勒在书中写道："我不是一个有野心的人。我太害怕冒险，太害怕失败，太担心婚姻生活出现问题……"加勒做出决定之后，公司觉得她是一个给了机会也不敢接受挑战的人，她太畏惧变化。因此，公司没有为了这个面对机会却丝毫没有热情的职员考虑，毕竟渴望得到这份工作的人太多了。

　　对于加勒而言，这件事严重影响了她的事业前景。公司对她完全失去了兴趣和关注，类似的事情也再没有发生过。

　　这个世界从来都不会轻易给人们机会，虽然人们日夜祈祷。当然，等到机会真的到来时，也未必有那么多人能够抓住。不充分利用机会，这就是一件既残酷又可悲的事。加勒在公司里失去了关注，失去了存在感，没有了气场，这一切就因为她没有野心，太担心改变。生活中，如果你也是这样的人，那么很可惜，你的气场一定也不会太强。你给人的感觉只能是畏畏缩缩，不敢接受任务，不敢接受挑战的懦弱，谁会喜欢这样的人呢？

　　所以，别把野心想得太坏。只要你的野心是恰当的，合理的，不损害他人利益的，那么你就应该善待它，利用它。要知道，健康的野心能够让你变得更完美，促使你提高自己。如果你渴望成功，渴望超越现在的这一切，让自己变得有气场，那么先找到属于自己的"野心"。

07. 名人的企图心

本田宗一郎是本田公司的创始人,他出生在一个贫穷的家庭里。父亲是一名铁匠,偶尔也会帮人修理自行车。本田宗一郎从小跟在父亲身边,耳濡目染中,他对机车事业产生了极大的兴趣。本田宗一郎在日记中曾写道:我不顾一切地追着那辆汽车,虽然我还只是一个孩子,但我深深地受到了震动。我想就是在那个时候,我产生了这个念头:有一天,我要自己制造出一辆汽车……

如果这个人不是本田宗一郎,只是一个普通的孩子,他说自己有制造一辆汽车的念头,你听起来一定觉得好笑,认为童言无忌,孩子异想天开。可实际上,很多伟大的事业就是依靠着这样一个念头诞生的,很多人也正是因为有了这种敢想的个性,才成为万人瞩目的焦点。还是那句话,梦想决定了人生的高度,如果你连想都不敢想,那么一切就不可能发生。

要提升气场,锻造属于自己的影响力,就必须要具备一种企图心,也就是我们常说的野心。只有优秀的人,成功的人,用实力说话的人,才能够真正震慑住他人,给人一种值得崇拜和信赖的感觉。然而,获得成功需要诸多品质,比如善于学习、坚强、勤奋、有目标、为人处世的能力强,等等。然而,这些东西还都是外在的,如果把成功比喻成一辆汽车,那么这些品质就是汽车的方向盘、大灯、车窗、车门等等,汽车最为核心的那个地方是发动机,而野心正是成功的驱动力,是奇迹的萌发点。

不知道你有没有看过有关"巴拉昂遗嘱"的故事,它会告诉你我们上面说的话,绝不是鼓吹和空谈。

巴拉昂是一位知名的媒体大亨,曾经以推销装饰肖像画起家。他用了不到10年的时间里,就跻身于法国50大富翁之列。1998年,这位富翁因为前列腺癌去世。临终前,他留下了遗嘱,把他的4.6亿法郎的股份捐献给博比尼医院,

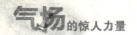

用于前列腺癌的研究；他还留下了 100 万法郎作为奖金，因为他在遗嘱是提出了一个贫穷之谜，声称谁能够正确揭晓此答案，就将获得那 100 万法郎。

巴拉昂去世后，法国《科西嘉人报》刊登了他在遗嘱中留下的问题。他说："我曾是一个穷人，去世时却是以一个富人的身份走进天堂的。在跨入天堂的门槛之前，我不想把我成为富人的秘诀带走，现在秘诀就锁在法兰西中央银行我的一个私人保险箱内，保险箱的三把钥匙在我的律师和两位代理人手中。谁若能通过回答穷人最缺少的是什么而猜中我的秘诀，他将能得到我的祝贺。当然，那时我已无法从墓穴中伸出双手为他的睿智而欢呼，但是他可以从那只保险箱里荣幸地拿走 100 万法郎，那就是我给予他的掌声。"

遗嘱刊出之后，《科西嘉人报》收到了大量的信件，多数人寄来了自己的答案。绝大多数的人认为，穷人最缺少的是金钱。还有一部分人认为穷人最缺少的是机会。另一部分人认为穷人最缺少的是技能，还有人认为穷人最缺少的是帮助和关爱。另外，还有其他一些答案，如，认为是漂亮，是皮尔·卡丹外套，是总统的职位……五花八门，应有尽有。

巴拉昂逝世周年纪念日，律师和代理人按巴拉昂生前的交代在公证部门的监视下打开了那只保险箱，在 48561 封来信中，有一位叫蒂勒的小姑娘猜对了秘诀。蒂勒和巴拉昂都认为穷人最缺少的是"野心"，即想要成为富人的"野心"。

著名成功学专家陈安之曾经说过："有史以来，所有成功都具备三个条件，任何一个领域都一样。第一个条件是拥有强烈的企图心；第二个条件是拥有强烈的企图心；第三个条件仍旧是拥有强烈的企图心！"

一个人能够走多远，取决于他能够想多远；一个人成功的程度，取决于他的胸襟有多广阔。只有心中的目标大到足以让一个人的意识与潜意识有反应，并产生足够的力量，才能将心中的想法都付诸实践。你若在心中大大地张开梦想的翅膀的话，你整个人的气场就会变得不同。在气场理论和吸引力法则的共同作用下，你的人生必将收获甚多。

从某种意义上来说，企图心就是成功的保证。没有企图心，没有欲望，没有谋略，就不会有前进和奋斗的动力。一个人的企图心的大小，直接决定了他未来的成就。你可以说企图心是一种意志，一种武器，它能够强化你的自信心，让你对自我未来的目标产生坚定感，你的眼神、你的言语、你的行为，都将会体现出这种自信和坚定。可想而知，一个眼睛坚定，说话底气十足，雷厉风行的人，会带给他人怎样的气场？无需多言，你的脑海里一定会浮现出很多类似的人物，不管是伟人，还是你周围那些颇具影响力的人。

生活中，太多人都是被缺乏企图心打败的，他们总是陷于不安、无能和自卑感中，总是不相信自己可以拥有心中想要的东西，一直退而求其次，稍有些成就，就满足了。这种心态简直就像是魔鬼，让人的潜能被彻底埋没。那么，怎样才能够保持一颗旺盛的企图心呢？

永远都要跟比你更加成功的人在一起。他们的气场会影响你，激发起你的野心和奋斗的决心。在你的朋友当中，最好你是最差的那一位；如果你总是在朋友中有种优越感，那么很糟糕，你可能不会有大的成就。

给自己定一个高点的目标。我们在前面也说过了，没有远大而具体的目标，就失去了动力。目标太小无法激起人的斗志，要实现理想就更是遥不可及的事了。

别害怕危机的到来。青蛙是被温水煮死的，没有危机的人往往就会陷入安逸的生活中，到最后丧失了应对危机的能力。从内心挑战自我，你才可以保持旺盛的生命力，保持一种永不泯灭的企图心。

说到底，企图心本身就是一种气场，它能够与人的内心发生作用，给人一种向上的磁力，让人意气风发。企图心是个好东西，成功的人都是被它驱策的，在个过程中，他们不仅改变了环境，也改写了自己的命运。试试看吧，亲自验证一下企图心到底有没有这般神奇？

※ 第7章 火元素与激情 ※

大多数人的失败，并不是因为缺乏智慧、能力、机会或是才气，而是因为没有以足够的激情全力以赴。那些气场强的人，往往都是充满激情的人。人们之所以会在第一时间注意到他们，往往是被他们的个人魅力所吸引。这种魅力不是指衣装打扮，而是一种由内而发散发出的气质，是热情，是责任感，是坚持。

01. 引爆身体里的激情

一次，美国作家家威·莱·菲尔普斯走进了一家袜子店，一个十几岁的少年笑脸相迎地问道："先生，有什么可以帮助您的？您是否知道您来到了这个世界上最好的袜店？"

菲尔普斯看到那个少年从货架上取下一只只盒子，把里面的袜子逐一摆在他的眼前，让他挑选。菲尔普斯连忙说："小伙子，等等，我只要买一双。"

少年说："我知道。但我想让您看看这些袜子多么漂亮；它们真是好看极了！"说这番话的时候，少年的脸上洋溢出庄严和神圣的喜悦，就好像在向他人展示自己所信奉的宗教中的玄理。

菲尔普斯对这个少年产生了兴趣，他完全忘记了自己买袜子的事，他略微犹豫了一下，对那个少年说："年轻人，如果你能够一直保持着这种热心和激情，那么用不了十年，你就能够成为美国的袜子大王。"

是什么东西吸引了作家菲尔普斯，让他给少年的未来下了一个"定义"？气场！少年身上洋溢着一股对工作的激情，这是最能够感染人的气场。当一个人保持着一股积极奋进的状态，对自己所做的事情充满激情，他周围的人势必也会受到他的影响，感觉他是一个有追求、有前途的人，甚至会让他们在潜意识里产生一种想法：我也要像他那样活着！

激情是一种亢奋，一种投入，一种专注，一种追求。一个具备了永恒激情的人，会自始至终勤勤恳恳、兢兢业业地去不断努力，不断地去摒弃别人的冷嘲热讽而更加斗志昂扬，坚定必胜信念；一个具备了永恒激情的人，会常怀着积极的心态面对生活，面对这样或那样的问题。他们明白：只要走过黑暗，就是光明。

激情是一种神奇的力量，能够融化一切磨难和障碍，也可以创造出不凡的奇迹。古往今来，怀着满腔的激情创造成功的人不胜枚举，但若认真总结，你会发现他们都有一个共同点，那就是有一颗热情而激昂的心。

西点军校的将军戴维•格立森说："要想获得这个世界上的最大奖赏，你必须拥有过去最伟大的开拓者所拥有的将梦想转化为全部有价值的献身热情，以此来发展和展示自己的才能。"

乐圣贝多芬说："我让曲调从激情的闪光里涌流出来，我追赶着，我追赶得气喘吁吁。然而，它又飞走了，它消失了，一头扎进纷纭错综的感情喧嚣中。我又抓住它，欢快地拥抱它……我用抑扬变化叫它展开、发展，最后，我终于成功地写出第一主题。于是就有了整个交响曲。"这一切，都是激情的力量。

著名推销员弗兰克•贝特格又说："二十年中，我几乎是每天早晨都默诵一首诗，这已成了我每日计划的一部分。这首诗总是如此令人振奋，我几百次地把它抄录在卡片上。"

他们的成功秘诀，全在这一字一句中。有了积极的心态，才有积极的理念，积极的思维；有了积极的心态，才有积极的情绪，积极的动机；有了积极的心态，才有不断地创新，不断地上进；有了积极的心态，才有积极的壮举和成功的

人生。

但是，你千万不要认为激情就是轰轰烈烈，只有特定的人和特定的事才具备和拥有。每个人都有一座充满潜力的宝藏，都富有激情，要压抑它还是释放它，要燃烧它还是熄灭它，全在于你自己。激情来自于自身的潜质，也是一个人的自身品质、精神状体以及对事物认知程度的一种外化表现。可以说，我们每个人都富有激情，它是自身潜在的财富，引爆了激情，就能造就出你的气场。

一位拉沙叶补习大学的业务员去拜访一位房地产经纪人，想把《销售与商业管理》课程介绍给他。当他把自己所推销的课程介绍给那位商人的时候，对方听得很入神，却始终没发表意见。

那位业务员问："你想参加这个课程，对吗？"

商人无精打采地说："我不知道是否要参加。"

对于这样的回答，这位业务员并不觉得奇怪，他告诉商人："我要说一些你不喜欢听的话，但这些话可能对你很有帮助。

"你的办公司里一团糟。地板和墙壁上都脏得要命；你使用的打字机是最老式的；你的衣服又脏又破，脸上的胡子很久没刮过，你的眼光告诉我你已经被打败了。

"我想，你的太太和孩子过得也不太幸福，太太忠实地跟着你，而你的成就却不如她当初期待得那么好。我现在不是一定让你进入我们的学校，就算有现金预缴学费，我也不会接受。因为你没有进取心和激情，我们不喜欢我们的学生中有人失败。

"现在，我告诉你你为何失败吧！因为你没有激情，没有做出一项决定的能力，已经习惯了逃避责任。如果你告诉你，你想参加这个课程，或是不愿参加，我都能够理解。但你却说，不知道要不要参加，这就是缺乏激情、进取心和责任感的表现。

"我的批评可能会伤害你，但我倒是希望它能够触怒你。现在，让我告诉你：你很有智慧，也很有能力。你可以再度站起来，我也可以扶你一把。你赶紧给自己找一套新西装，即便向人借钱也要买来，我带你去认识一个房地产商人,他会给你一些赚大钱的机会。你愿意跟我来吗?"

房地产商听后,竟然抱头痛哭。最后,他站起身来紧紧地握住这位业务员的手。

三年之后,他拥有了一家60多名业务员的地产公司,成了一个有名的商人。每位到他公司上班的业务员,在入职的第一天都会被叫进他的私人办公室。然后,他把自己的转变过程告诉那些新人,故事就从那间脏乱的办公室开始。

世界上没有任何一样东西能取代坚持到底的激情,不管是钱财,还是才能,因为有钱而一事无成者比比皆是,有才能却不学无术的人也不少见,只有坚持到底的激情和毅力才能无往不胜。要造就强大的气场,那就引爆身体里潜藏的激情吧!

02. 送信的士兵

曾经,有个士兵骑马给拿破仑送信。途中,他的腿部受了伤,且道路的前方还有敌人设的重重关卡,但他分秒都没有休息,三天三夜滴水未沾,快马加鞭地飞奔到拿破仑的面前。当他完成这一使命的时候,一下子晕倒在地上。而他所骑的那匹马也因为疲劳过度,一命呜呼了。

他醒来后,将信交给了拿破仑。拿破仑又起草了一封信让他转送,并吩咐他骑上自己的马,迅速将信送到。士兵看到那匹装饰得无比华丽的骏马,拒绝了。他说:"将军,我只是个士兵,不配骑这匹华丽的骏马。"

拿破仑说:"世上没有一样东西,是勇敢而负责的法兰西士兵不配享有的。从此,这匹骏马将永远属于你。"拿破仑将自己心爱的坐骑赠予了这名士兵。在众人尊敬的目光下,士兵骑上骏马,出发了。

有人觉得,只要拥有良好的出身、优越的地位,才能够拥有非凡的气场,得

到他人的尊重。其实不然。只要活得有尊严，勇敢地承担起责任，做个有担当的人，就能让个人魅力征服所有人。就像给拿破仑送信的那个普通士兵，在场的所有人几乎都不知道他的名字，但却都被他那种富有责任感的激情感动了，被他的气场征服了，而他也成功地"抢走"了拿破仑的坐骑。

激情不是虚幻的，不是嘴里喊叫着必胜的口号，也不仅仅是脸上洋溢着热情的微笑，更重要的是要展现在执行力上。如果只是嘴上功夫，那么这种人是没有影响力的，他的气场也无法形成磁场，吸引人们尊崇的目光。有些人什么也没说，但却在工作中尽职尽责，不管做什么都一丝不苟，这实际上就是激情，持久的激情。也正是这种激情，才将出色和平庸区分开来。

大卫毕业后到一家钢铁公司工作，来到公司不足一个月，他就发现了很多炼铁的矿石没有完全得到冶炼，有不少矿石中还残留着没有冶炼好的铁。他心想：如果这个问题不尽快解决，很可能会给公司带来巨大损失。

大卫先是找到负责冶炼的一位工人，把问题如实地转达给他，可那位工人却说："如果真的有问题，工程师一定会告诉我。现在，他们都没有提出这个问题，就说明一切正常。"大卫很快就找到了负责技术的工程师，说明自己看到的问题。不料，工程师却很自信地说："我们的技术是世界上一流的，不可能出现这样的问题。你一个刚刚毕业的学生，知道什么？"工程师不信任大卫，甚至觉得他是想博得他人的好感而卖弄自己。

但是，大卫仍然觉得这个问题很严重，于是他拿着那些没有冶炼好的矿石，走进了技术总工程师的办公室。总工程师听他说完问题，又仔细看了看矿石，说："怎么可能这样呢？我们公司的技术是一流的，为什么出了问题却没人向我汇报呢？"

总工程师连忙召集所有的技术工程师，一同寻找原因。结果发现，是因为监测机器的某个部件出了问题，才导致冶炼不充分。这件事惊动了公司的总经理，他奖励了大卫，并让大卫担任公司技术监督工程师。

后来，提起这件事的时候，总经理十分感慨地说："我们公司不缺乏工程师，缺乏的是忠诚于公司的工程师，和自觉关心公司利益的工程师。生产方面出了问题，那么多工程师都没发现，有人提出问题他们还不以为然，他们的激情和责任呢？企业需要人才，但更需要富有责任感的激情，这样才能够真正对自己的工作负责。"

大卫用富有激情和责任感的气场感染了公司的总经理，并为自己赢得了晋升。如果他的责任心不够强烈，如果他的气场不够坚定，在遭到工人和工程师们的否定后，他一定会放弃继续寻找问题的答案。可喜的是，这个年轻人有忠诚于公司的激情，有对工作一丝不苟的责任心，这种激情是他身上最为宝贵的财富，也是最可贵的品质。一个人的内在品质散发出的气场，是任何美妙的言语都不能及的，因为它是最真实、最难能可贵的。

或许，现在的你不过是一名普通的员工，你觉得公司的事情应该让老板去操心，关于影响力和气场有多强，那都是他们才应该去想的事。对不起，你想错了！每个人都有自己的气场，而这种气场的强弱与他们的职务和身份无关，气场也不是成功的附属品。你所看到的那些气场强大的人，并不是因为他们获得了成功才有了气场，而是先有了气场，而后有了成就。如果你富有激情，充满责任感，那你就会将公司的利益视为自己的利益，将公司的的得失视为自己的得失，你关心公司的命运就像关心自己的命运一样。有句话说："人在做，天在看。"而我要说的是："人在做，人在看。"你的行为终究会引起老板的重视，也会被周围人纳入眼中，当你这样做的时候，你周围的气场也会洋溢着一股激情。

气场不仅是能力的体现，也能够影响并感染其他人，让他们和你一样富有激情和使命感。如果你渴望获得同事的支持，老板的赏识，那么你首先就要有一种强大的气场，这也是一种魅力。当然，让你一下子具备这样的气场实属不易，也是不可能的，但你完全可以做到，就是每天多付出一点点忠诚，一点点责任和一点点激情。

03. "对不起，我竟然把你忘记了"

奥地利作家斯蒂芬·茨威格年轻时，曾在巴黎拜访过著名的雕塑家罗丹。

当他走进罗丹的工作室时，看到里面有不少已完成的雕像，也有部分制作到一半的雕像，还有不少小塑样，有胳膊，有手，或是一个手指节。接着，罗丹穿上粗布工作服，在一个台架前停下，说："这是我近日来的作品。"说完，他揭开湿布，茨威格看到一座女性正身像。

罗丹仔细端详着自己的作品，不久后便低声地说："肩膀上的线条太粗了，不好意思。"然后，他拿起刮刀轻轻刮过软和的黏土，给肌肉一种更柔美的光泽。"这里也不太好……"他又修改了一下。最后，他把台架转过来，专注地修正作品。时而，他的眼睛里流露出喜悦和满意，时而他又紧锁眉头。他捏好小块的黏土，粘上，又刮开一些。就这样，几个小时过去了，期间他没有对茨威格说过一句话。最后，罗丹轻轻地舒了一口气，扔下刮刀，轻轻地盖上了这座正身像。他转身要离开的时候，看到了茨威格。他好像突然记起了什么："哦，天哪！真对不起，先生，我竟然把你忘记了，可是你知道……"

茨威格当然知道，罗丹是太投入了，他忘记了一切，他把所有的精力都放在工作上了。茨威格回忆起这段故事的时候，说："我紧紧地握着他的手，为他的失礼而感激。我亲眼看到了一个人全然忘记时间、地方和世界地工作，再没有什么比这更令人感动的了。我终于知道，一切事业成功的奥秘就是在工作中倾注热忱和专心。一个人一定要能够把他自己完全沉浸在他的工作里，无论是大或小的事情，都应该集中全力，把易于驱散的意志贯注在其中。"

这一次拜访，让茨威格发生了根本性的改变，他知道自己所缺少的，正是罗丹对待工作那种激情、专注和执著。

"对不起，我竟然把你忘记了……"罗丹对待工作专注的激情，感染了茨威格,他看到了罗丹对工作和事业那种全心全意的热爱。激情是什么?那就是倾注你 100%的热情和精力去做 1%的事。有了这样的力量,内心就像是上了发条,催促着我们不断向前奔跑;有了这样的气场,内心就像一个水泵,让我们对工作的热情如朝阳一般喷薄而出。

诚然,一个人的能力存在强弱之分,但是激情这个元素是每个人都具备的,我们不该轻视它的力量,更不能让它销声匿迹。杰克·韦尔奇曾在一次采访中提到,看一个员工是否称职,是否热爱他的工作,只要看看他做事有没有激情就够了。的确,激情是展示一个人品质和气场的表现之一。没有激情的人,就像是浑浑噩噩的混日子,他们总是有借口推卸责任,对自己和工作都显得没有信心,他们的气场是微弱的,同时还伴有抱怨和敷衍等消极的元素在其中;那些有激情的人,永远都是一副积极的、热情的样子,即便是枯燥乏味的工作,他们也有本事让它变得生动,这一切都源于他们内在的激情,这种积极的气场让他们充满活力,让他们的行为感动周围的人。

杰克·沃特曼退伍后,加入了职业棒球队。但因为他动作无力,被球队经理开除了。经理说:"你总是慢吞吞的,一点都不像在球场上混了 20 年多年的。离开这里,不管你去哪儿,做什么,如果你提不起精神,你永远都不会有出路。"

这句话深深地印在了杰克的心里,那是他有生以来遭受的最大的打击。杰克牢记着这句话离开了。后来他加入了亚特兰大队,月薪只有 25 美元。薪水少,自然影响他做事的激情和动力。但他告诫自己,一定要努力。在加入球队 10 天以后,一位老队员介绍他到得克萨斯队。在抵达球队的第二天,他的人生就发生了重大的转变——杰克发誓,要做得克萨斯队最有激情的队员。

结果,他做到了。在接受记者采访的时候,杰克说:"我一上场,身上就像带了电。我强力地击出高球,让对方的双手都麻木了。当时的气温高达华氏 100度,我在球场上跑来跑去,很有可能中暑。但是,我的球技却出乎意料地好,而且由于我的激情,队友们也都兴奋起来。"

第二天早晨,他上了当地报纸的头条。报纸上说:"那位新加入的球员,简直就是一个霹雳球手,全队的其他人都受了他的影响,充满了活力,他们不但

赢了,而且是本赛季最精彩的一场比赛。"

后来,有人问杰克:"你是如何做到这一点的?"杰克说:"因为一股激情,除此之外,没有任何别的原因。"

杰克·沃特曼的成功,告诉所有人:激情造就气场,激情成就梦想。

你是个有激情的人吗?先别急着回答,看看下面这些情形之后再说。

每天早上醒来时,想到要上班,心里就有些不快?磨磨蹭蹭地到了公司,却是无精打采,总不想动手干活?终于熬到了下班点,心里很高兴,就想着快点离开?和朋友谈笑娱乐的时候,总忘不了抱怨自己的工作多么枯燥和无聊?

如果真的是这样,我不得不提醒你:你对自己从事的工作和事业没有丝毫的激情,你是个没有奋斗目标的人。可能你会说:"要是让我去做一项大事业,我就有激情。"真可笑,这个世界上没有什么微不足道的小事,真正有激情的人,不管做什么样的事都会倾注全部的热情。要记住:一屋不扫,何以扫天下?

从现在开始,修炼激情的气场吧!告诉自己,你做的事就是你所喜欢的,然后高兴地去做,让自己产生满足感;接下来,告诉别人你的工作状况,让他们知道你为什么对这项职业感兴趣。如果一时间没有焕发出激情,那就强迫自己采取一些行动,久而久之你就会逐渐变得有激情了。当你相信美好的人生,相信人生存在的价值,你的心态和气场都会有所改变,而这个世界上做得极好的工作,也都是依靠着这些完成的。

04. 你也可以像他们一样

美国马萨诸塞州詹森公司有一位名叫塞克斯的推销员,他的推销技艺非常高超,曾经让无数经销商森严壁垒的大门为他敞开。

一次,他路过一家商场,进门后他先向营业员介绍自己,随后便和他们聊起天来。闲聊之中,他发现这家商场各方面条件都不错,于是便想把自己的产品推销给对方，不料却遭到了商场经理的拒绝。经理直接告诉他："如果我们选择你的产品，我们必将亏损。"塞克斯不是一个甘愿服输的人，他试图用各种方式说服经理，但始终没能如愿。最后，塞克斯沮丧地离开了。

离开商店后，塞克斯开车在街上逛了几圈，最后又开回了商店。当他重新走进商场的门口时，商场的经理竟然面带笑容地迎接了他，并且没等他开口，便答应订购一批货物。塞克斯不知道发生了什么事，他便询问原因。

那位经理告诉塞克斯："很少有推销员在商店里找营业员聊天，但你却能够和他们聊得非常融洽。而且，当你被拒绝后又重新回到商场，这是我从未遇到的。你的热情令我感动，对于你这样的推销员，我又什么理由再拒绝呢？"

爱默生曾经说过："缺乏热诚，难以成大事。"大多数人的失败，并不是因为他们缺乏智慧、能力、机会或是才气，他们的失败，往往只是因为没有以足够的激情全力以赴。即使生活平淡无奇，只要拥有足够的热忱，任何人都可能成功。塞克斯的周身散发出热情的气场，即便推销遭到了拒绝，他的气场也并未消退，而是促使他再一次走进商店的大门。这种热情感染了商店的经理，让他给予塞克斯肯定的欣赏，同时这种热情也为塞克斯自己赢得了生意的成功。

其实，只要你悉心留意周围的人，就不难发现一点：那些气场强的人，往往都是热情的人。人们之所以会在第一时间注意到他们，往往是被他们的个人魅力所吸引。这种魅力不是指衣装打扮，而是一种由内而发散发出的气质。洋溢着热情气场的人，在与人交往时会释放出一股不可抗拒的气场，这股气场必将感染周围的人。相反，那些缺乏热情气场的人，就像黑格尔说得那样，要在公众中形成良好的形象，根本就是空谈。

热情是无法伪装的，也是无法修饰的，从一个人的眼神，面部表情，以及他的言行举止中，都能够察觉得到。一个内心愁苦且生活态度悲观的人，即便他伪装得对生活充满热情，逢人就露出笑脸，但我们还是会在他不经意的言语之间体会到他内心的真实想法，而他所散发出的气场也与那些真正热爱生活的人，截然不同。

与此同时，那些热情的人不能说都是人中之龙，但他们的人生总有或大或

小的成就。因为热情会产生积极的行动，而积极的行动必然带来好的反馈结果。有人把热情和事业之间的关系，形容为"火柴"和"汽油"。一桶汽油无论纯度多高，如果没有火柴，它也不会发出半点光和热。热情能够点燃事业的火柴，它可以让一个人所有的能力和优势发挥出来，给事业带来无穷的动力，更快地获得成功。如果你不相信热情的气场有如此神奇之力，那就看看拉里·金的经历吧！

拉里·金，美国有线电视新闻网著名的脱口秀主持人，他出生在纽约布鲁克林区，依靠公众救济金长大成人。拉里·金从小就渴望从事广播工作，毕业后他在迈阿密的一家电台做管理员，后来又成了主播。

提起第一次担任电台主播时的经历，拉里·金记得很清楚。他说，如果谁听到了他那天主持的节目，一定会觉得那节目糟糕透了。那天是周一，上午8:30分，拉里·金走进了电台，他的心揪成了一团，不断地喝咖啡和开水润嗓子。

上节目之前，老板亲自为他加油打气，还给他取了一个艺名——拉里·金。从那天开始，他得到了一份新工作，一个新节目，还有新名字。

节目开始时，他像所有的主持人一样，先放了一段美妙的音乐。然而，当音乐声渐渐消退，轮到他说话的时候，他的喉咙就像被堵住了，一点声音也发不出来。他连续播了三段音乐，之后还是无法开口说话。这时候，他很沮丧，心想："看来我真的不行，我还不具备做专业主播的能力，我根本就没胆量主持节目。"

这时候，老板走了进来，对他说："你要记得，这是一个沟通的事业。"听到老板的提醒，拉里·金再一次努力地靠近麦克风，鼓起勇气开始广播："早安，朋友们！这是我第一天上电台，我一直都渴望能上电台……我已经练习了一个星期……15分钟前他们给了我一个新名字，刚刚我已经播放了主题音乐……但是，现在的我却口干舌燥，非常紧张。"拉里·金结结巴巴地说出了一长串的话，而他的老板也一直不断地提示他："这是一项沟通的事业。"

"能够开口说话了！"这种感觉把拉里·金的自信全部找了回来。这一天，他成功地实现了自己的梦想。自此之后，他不再紧张，第一次的广播经验告诉他，只要能够说出自己心里的话，能可以让观众感受到自己的热情与真诚。

拉里·金不仅将广播当成一项沟通的事业，更当成自己人生最精彩的要素。很多次他都告诉读者："投入你的感情，表现出你对生活的热情，让别人体验到你的真实感受。然后，你就能够得到想要的回报。"

表现出你的热情，用你的气场感染他人，然后你就能够得到自己想要的回报。试着唤起你的热情吧，成为一个有感染力的人。这不仅仅是拉里·金的领悟，也是每个希望有所成就的人该铭记于心的指引。

05. 从激情球员到推销大师

·弗兰克·贝特格曾是一名职业棒球手。他并没有打棒球的天赋，但他在赛场上的激情是无人能及的。每一次比赛，他激情的打法，不仅会感染整个球队，还会引爆全场的观众，让他们的情绪高涨。

从职业棒球队退役后，弗兰克转行去做保险推销。最初的十个月非常糟糕，因为客户总是在他没有把话说完的时候就把他赶走，直到卡耐基先生的一句话点醒了他。卡耐基说："弗兰克，你推销时的言语一点生气也没有，如果换成是我，我也不会买你的保险。"弗兰克发现，他丢掉了自己在当棒球运动员时最宝贵的财富。于是，他想到用自己打球时的激情来好好推销保险。

一天，弗兰克走进一家公司，鼓起自己全部的勇气和热情向负责人推销保险。那位负责人大概从来都没有遇到过如此有激情的推销员，他挺了挺身子，瞪大了眼睛，认真地听弗兰克说话，没有赶走他，中途也没有打断他。最终，那位负责人接受了弗兰克的提议，买了一份人寿保险。也是从那天开始，弗兰克成了一个真正的推销员。

后来，弗兰克提到自己推销保险的成功经验时说："在我十几年的推销生涯中，我看到许多有激情的推销员的收入成倍地增加，也看到了很多人因为没

有工作的激情而一事无成。而我自己，差点就成了他们中的一员。"

无论是做棒球手，还是保险推销员，弗兰克·贝特格都能够感染他人，最终取得成就，这都是气场在发挥着作用。他的气场源自什么？自然是激情。凭借激情，他可以让自己的气场感染整个球队，引爆观众的热情；凭借激情，他能够改变消极的心态，感染客户，让他们接受自己的推销。

由此可见，一个人有了激情，不管走到哪里都会有气场，不管从事什么工作都可以脱颖而出。相反，如果他只是勉勉强强地完成职责，那么他做事的时候就会马马虎虎，遇到困难首先想到的就是退缩。这样的人无法感染周围的人，而他们也很难改变自己的平凡命运。

激情，是不断鞭策和激励我们向前奋进的动力，可以让我们对自己所做的事充满信心，充满高度的热情，即使遇到了重重困难和阻碍，也能够表现出最坚强最无所畏惧的样子。这样的人本身就具有强大的气场，因为很多人做不到的事情，他们做到了；很多人无法抵抗住折磨的时候，他们挺住了。太多人在面对挑战的时候总觉得不可能跨越，其实这只是激情还不够。看看卡腾堡的成功经历吧，当你身处和他当年一样的境地时，你能够像他一样吗？

卡腾堡是著名的无线电新闻分析家。他22岁那年，只身一人来到巴黎闯荡，当时的他身无分文，是个不折不扣的穷光蛋。后来，他在巴黎版的《纽约先驱报》上刊登了一则求职广告，并找到了一份推销立体观测镜的差事。对于卡腾堡来说，他本身并不喜欢这份工作，而且他根本不会说法语，可谁也没想到他挨家挨户地上门推销一年之后，竟然赚到了5000美元，成为当时法国收入最高的推销员。卡腾堡是怎么创造这个奇迹的呢？

最初，他让老板用纯正的法语把他要说的话写下来，然后背得滚瓜烂熟，接着就去上门推销。每一次，别人打开门后，他就开始用带着美国口音的法语背诵那些推销用语，听起来非常滑稽。每到这时，卡腾堡便递上实物照片，给别人参考。

卡腾堡每天早上出门之前，都会对着镜中的自己说："你要做得开心一点。把自己想象成演员，正站在舞台上，下面有很多观众看着你。你现在做的事就和演戏一样,干吗不高兴点儿呢？"就这样,卡腾堡每天都给自己打气,把一个他从前又恨又怕的工作变成他喜欢的事情,最后也让他赚了很多的钱。

把自己当成演员,把工作当成"演戏","假装"自己很喜欢工作,然后不知不觉地找到了工作的乐趣,爱上了工作。其实,这就是激情的力量,这就是积极的气场带来的结果。这个世界上没什么不可能的事,只要你敢于挑战、乐于挑战,保持持久的激情,在挑战中找到奋斗的乐趣。

别再怀疑激情的神奇力量了,它会把你全身的每一个细胞都调动起来。一个人只有一直保持最佳状态,让激情永续,用积极行动为自己充电,才能够提升气场,靠近成功。就像《瓦尔登湖》的作者亨利·戴维·梭罗说得那样:"一个人如果充满激情地沿着自己理想的方向前进,并努力按照自己的设想去生活,他就会获得平常情况下料想不到的成功。"

这个时候,你一定会问:"激情如此神奇,那我该怎么样才能够让自己充满激情,提升气场呢？"美国著名激励大师博西·崔恩针曾经提出过一些观点,对培养激情很有帮助:

不要觉得只有兴趣才能产生激情,要把自己所做的事情当成一项事业去看待。把自己现在做的每件事都与未来联系起来,这样就能够容忍单调和压力,感觉到自己所做的一切都是有价值、有意义的,让自己时刻充满激情和动力。

不断为自己树立新的目标。一个人如果只停留在现阶段,就会心生懒惰,慢慢地能力也会退化,这时候他的气场也就会慢慢变弱。因此,要学会给自己设立新目标,找到新鲜感,让自己乐于去挑战。当解决了一个又一个问题之后,成就感自然就来了。一个充满成就感的人,必然是自信而从容的,而这些东西自然能够帮助你提升气场。

千万不要陷入自满的情绪中。激情的天敌是自满,有了点成就就飘飘然,就会给人浮躁和不真实感。更重要的是,自满会阻碍你进一步向前看,让你难以超越。所以,只有将过去的成就当成动力,努力超越,激情才会源源不断。

好了,现在方法我已告诉你了,接下来要怎么做,就看你的了！

06. "现在不穿鞋，不代表以后不穿鞋"

彼得和汉姆是一家著名运动鞋厂的试用员工，公司派他们到非洲的某个部落推销新产品。如果这次的推销成功了，他们就会被正式录用。两个富有激情的年轻人接受了这个任务，因为他们都渴望成为世界上最伟大的推销员。

彼得到了那里之后，发现了一个大问题：那里的人们根本不穿鞋！这让彼得很是沮丧，他的激情一下子被熄灭了。彼得打电话回总部，说明了情况，并声称无法开拓市场。于是，便离开了那里。

汉姆来到那里后，也看到人们不穿鞋的情景，但他内心却更加坚定要接受这个严峻的挑战。他想：现在不穿鞋，不代表以后不穿鞋！汉姆试着说服当地的人们，不料却遭到了嘲弄。后来，汉姆试着让人试穿鞋子，体会一下是否比不穿鞋要舒服。结果，那个人照做了，证实了穿鞋的确很舒服。

有了这一次的尝试，汉姆得到了总部的支持，他在这里举办了一次登山比赛。A组的人穿着他们的鞋子，B组的人则是赤脚。结果，A组的人很快就到了山顶，而B组的人因为担心踩到荆棘和尖锐的石头，爬得很慢。因为此次活动事先邀请了媒体来报道，于是这个地方的人一下子全都知道了穿鞋的好处，而汉姆从总部运来的第一批货也很快就卖光了。

彼得回到总部后被辞退了，而汉姆却因为不畏挑战开拓了新市场，一跃成了销售经理。

这个世界上没有什么不可能做成的事，只有想不想做成的决定。彼得原本也很有"激情"，可惜他的激情不过是三分钟热度，这算不上什么激情，充其量只能说是对工作的一点新鲜感罢了。而汉姆的激情所彰显出的气场，才是坚定而执著的，从始至终无论遇到怎样的困难，他都没想过放弃，而是勇于接受挑战，超越自我。命运不是天注定的，真正能够决定成败的，是一个人的激情和气场。如果在挑战面前失去了坚定的气场，激情自然也会荡然无存，留下的必将是失败。

激情，是一种强烈的情感表现形式。一个人在激情的支配下，通常能够调动身心的巨大潜力。要造就强势而无畏的气场，要保持长久的激情，就必须敢于挑战，尤其是挑战自己的"极限"，挑战所谓的"不可能"。有挑战的人生，才是真正的人生。

西班牙画家毕加索，十几岁的时候就已经能够画出严谨的"学院派"作品，但他从来不满足于自己的成就，而是不断地向自己发出挑战。他在艺术方面进行大胆的探索和革新，最终成为了 20 世纪最有创造性和影响最深远的立体主义绘画创始人。有人问起毕加索的成功原因，他说："我就像一头好斗的西班牙公牛一样，永不停息地向自己发出挑战。"

尽管我们在这里反复地强调：成功离不开激情，更离不开不断地超越。但是，说来简单，做来却很难。顺境的时候，每个人都能够保持激情，都会想到超越"不可能"，这是一件很容易的事。最难的是，在逆境的时候，还能够保持这份激情，还能够有足够的勇气去超越。很多人不是没有激情，也不是不想去超越，而是他们在接受挑战的过程中，因为遭遇了失败而磨灭了激情，因为胆小而丧失了超越的勇气。这让我想起一则古老的寓言故事：

魔鬼曾经向人们出售他所有的工具，那些东西就摆在他的桌子上，明码标价。只要人们愿意付钱，就能够从魔鬼那里拿走憎恨、恶念、绝望、嫉妒、疾病、淫荡等等，这些邪恶的武器人们再熟悉不过。

在桌子的一角，有件商品与其他的东西隔开了，它看起来并不带有邪恶的品质，价签上写着它的名字：胆怯。虽然这件东西看似很破旧，可它的价格却远高于任何东西。

有人问魔鬼："这件东西为什么那么贵？"

魔鬼说："因为它能够给我带来方便，它比其他任何工具都好用。没有人知道它属于我，所以我能够用它打开任何一扇紧闭的大门。进了门之后，我便能够为所欲为。"

　　魔鬼的话值得反思，成功与失败之间的距离其实很小，不过是一个词语的距离，这个词语就是胆怯。面对困境，当你能够把胆怯丢掉换为勇气的时候，你就能够显示出自己的强大的气场。

　　当然，除了拥有挑战的勇气，还需要一份必胜的信念。这又要回到我们书中一开始讲述的那些原理：如果在潜意识里产生了"我不行"的念头，那就真的无法超越了，因为消极的气场已经形成了，它会吸引来许多糟糕的东西。这就如同一位带兵打仗的将领，他自己不对胜利抱有希望，还硬着头皮上阵，结果双方还未交战，他就可能被对方的气场击溃了！相反，就算境遇不佳，却在潜意识里形成积极的念头，告诉自己"这没什么，我一定能够克服"，那么恭喜你，你十有八九能够渡过这个难关。

　　挑战是一种激情，是一种追求，是一种信念，是一种无畏，更是一种气场。因为挑战，任何一条路都有可能是通往成功的捷径；因为挑战，你的潜能会被无限地激发；因为挑战，你会发现自己是如此优秀。记住卡耐基的那句话："只要你向前走，不必怕什么，你就能发现自己，成功一定是你的！"你不必怕什么，现在就告诉自己："发现自己，超越自己，没问题！"一个渴望成功的人，就该具备这样的气场！

※ 第8章 土元素与形象 ※

不管是谁，要想得到他人的关注，要想提升自己的气场，都不能忽略自身的外在形象和内在的学识。只有气度非凡、内外兼修的人，才能具备足够的吸引力和影响力。这些不是一日之功，尤其是内在的自我提升，只有让自己每一天都是全新的，不断地充实头脑，才能够让气场变得越来越强。

01. 总统选举输赢的背后

1960年，尼克松与肯尼迪争夺总统之位，尼克松输了。

1980年，杜卡斯基和里根之争，杜卡斯基输了。

尼克松和杜卡斯基到底输在了哪儿？

里根是演员出身，他高大英俊，无论是服装打扮，还是音容笑貌，以及他做出的每一个手势，都展现着与众不同的魅力，具有无与伦比的感召力。虽然他在其他方面也有不足，但人们却忽略不计。而杜卡斯基呢？不管是看外表还是听声音，不管是在台上演讲还是在台下表演，他显得"不像个领袖"，所以人们没有把更多的票投给他。

肯尼迪和尼克松的对决，肯尼迪自然占据了优势。肯尼迪年轻英俊，风流倜傥，给人一种坚定、沉着和自信的感觉，他周身散发出领袖的魅力，虽然他没有直接说什么，但人们似乎已经从他身上看到了希望，那就是他不仅可以主宰

美国政坛，他还可以掌控整个世界的局面。当他提出"不要问国家能为你做什么，问问你能为国家做什么"这一口号时，一时间美国这个以"自我"为中心的国度沸腾了，他的责任感感动了每一位美国人，激起了一股爱国潮。他满足了美国人对梦中理想的领袖的要求，还树立了领袖形象新的、最高的标准。几十年之后，他的形象依然令人难忘。

看到这儿，你的眼前一定也浮现出了里根和肯尼迪的形象。没错，这就是气场的神奇力量。你看到他们，就会被他们的音容笑貌所感染，甚至他们一句话也没说，只是站在那里，你依然会觉得注定了他就该是一位领袖。当然，每一位参与总统竞选的人，都有一定的学识，但我们这里要说的却是形象，只谈形象对气场的影响。

心理学家认为，每个人都有呵护美、向往美、追求美的心理。这种心理引导着人们积极地爱美、扮美、学美。现实中的人们总是对美的事物或人产生好感，因此出现"以貌取人"的情况也就不难理解了。其实，不管是高矮胖瘦，只要打扮得体，装扮出个性的美，就可以形成独特的气场。而且，当你的外表、穿着打扮给人深刻而良好的印象时，许多好的东西自然也就会来到你身边，就好像被你的气场吸引过来一样。

艾斯蒂·劳达出身贫寒，没有受过太多教育。起初，她不过是帮助叔叔推销他所制作的护肤膏，可如今她却是世界化妆品的女王，拥有几十亿美元的化妆品王国。

艾斯蒂是依靠什么取得今天的成就呢？很简单，形象。

那时候，艾斯蒂每天走街串巷，希望多卖出一些产品，但效果不是很理想。她想，是不是因为自己卖的东西档次不够？于是，她将产品定位于高档次上，可结果还是一样。当她第 N 次遭到客户的拒绝后，她终于忍不住问对方："您为什么拒绝购买我的产品？是我的推销技巧有问题吗？"客户的回答让艾斯蒂铭记一生：

"不是技巧的问题，而是你的形象不好。你的形象告诉我，你根本就是一个低档次的人。这让我如何相信你的产品是高档次的？"

这些话带着轻视，但艾斯蒂却并不难过，她终于明白了自己失败的原因：自己的档次不够高。于是，艾斯蒂决定重新改造和包装自己，她模仿名门贵妇，无论是穿着打扮还是举手投足，都与她们不相上下。此外，她还注重培养自己的自信，让整个人看上去魅力四射。果然，艾斯蒂的产品销量越来越好，此后好得一发不可收拾，最终帮她建立了自己的化妆品王国。

别再怀疑了，艾斯蒂的成功就是源于气场的转变。经过包装，她从一个"低档次"的人摇身一变成了贵妇的代言，这两种气场截然相反，后者势必能够给她带来好的生意。其实，不管是谁，想要得到他人的关注，想要提升自己的气场，都不能忽略自身的外在形象，这是最基本的要求。当然，我们并不是鼓励大家做"花瓶"，因为外在的穿着打扮、举手投足是给他人最初的、最深刻的第一印象，它的作用不容忽视，就连大哲学家亚里士多德也曾有过一次因为忽略形象而遭到冷落的情形。

一次，亚里士多德去参加宴会。最初入场时，他穿了一件普通的衣服，会场上根本没有人注意到他，态度都很冷淡。这时候，亚里士多德连忙出去换了一件崭新的皮大衣，重新回到宴会上。天呐，一切都变得不同了！主人的态度非常殷勤，他邀请客人们纷纷向亚里士多德表示敬意，并前来向他敬酒。见此情景，亚里士多德说："你们不了解，我的大衣兄弟可是非常清楚，它让我成为此时此刻这样的人。所有的理解都是冲着它来的，它才是今天的客人。"

不管亚里士多德看到众人态度的转变后是否乐意，他都必须承认一个事实：形象好的人就是比较受欢迎，形象的确能够影响一个人的气场。如果你渴望得到他人的关注，渴望让自己变成一个气场强大的人，那么从现在开始，你就必须注意自己的形象。

02. 撒切尔夫人的打扮

英国历史上第一位女首相撒切尔夫人,对别人的衣着毫不介意,唯独对自己的衣着要求十分苛刻。无论是服饰搭配还是化妆,她都极其考究。看到撒切尔夫人,你感受不到珠光宝气和雍容华贵,但却能够被另一种魅力所吸引,那就是整洁、淡雅和朴素。

从少女时代开始,撒切尔夫人就十分注重自己的衣着,要求干净整洁、朴素大方,但她从没有穿过标新立异的衣服,哗众取宠。

大学期间,她在本迪尼斯公司做兼职。当时,她的衣着很老成,公司里的人将她称之为"玛格丽特大婶"。每个星期五下午,她去参加政治活动时,都会戴上一顶老式小帽,身穿黑色礼服,脚蹬老式皮鞋,腋下夹着一只手提包,显得持重老练。

尽管有人笑话她打扮得过于深沉老气,但她却有自己独到的见解:这样的打扮能在政治活动中取得别人的信任,建立起威信。她的衣服从不打皱,让人觉得井井有条是她一贯的作风。

一位政治领导人的气场,必须是稳重而成熟的,他的衣着也应该是整洁和干练的。撒切尔夫人的装扮有属于自己的个性,但更传达出了她的气场。

皮克•菲尔在《气场》(Charisma)一书中曾提到过,想要成为交际明星,博得他人的好感,就必须在重要场合将自己的气场调节到最佳状态。怎么样才能够做到这一点呢?皮克•菲尔说:"不管是出席会议,还是参加普通交际活动、酒会、商务会谈,都要将自己认真地收拾一番,换一身最合适的衣服,以最贴切的形象出场,这是我们都必须做的功课。"

看到了吧,以最贴切的形象出场,穿着最贴切的衣服,这是凝聚气场必须要做的。事实上,人们的确习惯将服装与人、社会地位、身份、权威、文化品位等联系在一起。西方有句谚语说："你就是你所穿的。"这听起来简直就是以貌取人，可这也许是人类无法改变的天性。想想自己身边的那些人，尤其是那些穿着不凡而出众的人，他们的气场就是与别人不同，他们就能够让我们另眼相看。

有位华裔投资商曾说："我无论如何也不能相信，那个穿着旅游鞋、牛仔裤，头发像干草一样，说话结结巴巴的小伙子。从他的穿着到个人素养都无法让我相信他是个懂得处理商务的领导人。"形象不仅仅是魅力的代言，更重要的是，它所塑造的气场直接影响到人的工作和事业。会有这么玄妙吗？

克里斯是一家电器公司的销售经理，他人长得精神，文雅得体，尤其是那身笔挺的西装，更衬得他成熟、有品位。无论是多么棘手的业务，克里斯都能够把它搞定。有人经常开他的玩笑："喂，克里斯，你简直就是超人，太不可思议了！"

其实，克里斯刚进入公司时，不过是普通的推销员，每天奔走于各个写字楼和商店。虽然工作很努力，可几个月下来他一件商品也没有推销出去。克里斯怎么都没想到，他的推销失败竟然是自身教养和形象出了问题。

克里斯没读太多书，平日里大大咧咧。每次上门谈业务的时候，他并不在意客户的反应，说话很随意，行为举止看上去也不太雅观。

一次，克里奇敲开一个地产商家的门时，女主人透过门缝说："哦，先生，不好意思，你来晚了，他刚刚出去。"克里斯听到拒绝后，有些不悦，他想说些什么，可门已经关上了。克里斯扫兴地准备离开，这时候一个女孩儿和他打招呼："喂，陪我打会儿网球好吗？"

克里斯心想，反正今天一件东西也没推销出去，不如打球发泄一下。克里斯与女孩儿打了几局，他的技术赢得了女孩儿的夸赞。克里斯对女孩儿说出了自己的苦闷，每次推销都不成功。

女孩儿惊讶地看着克里斯："你平时就是穿成这样，带着这副表情向人推销吗？"克里斯点点头。女孩说："真是太糟糕了。你知道你现在的脸色多么难看吗？你的行为举止和打扮真是难以形容，如果我是客户也不会要你的东西。"

克里斯听了女孩的话，第二天便换上了一套西装，礼貌地敲开客户的门。奇怪的是，客户不再一口回绝，反倒是听进去了他的推销，最后竟然买了他的东西。克里斯成功了，真是太神奇了。此后，克里斯开始注重自己的仪表装束，他的事业也越来越好。

服装对一个人的形象和气质的提升，的确太重要了，它体现了一个人的品位修养。我们不难发现，就在企业选择或是提拔职员的时候，若是面临竞争，那么在穿着上出色而且给人看上去值得信任的人，往往更容易成功。实际上，这就是气场对他人的影响力。

当然，自身形象和服装搭配要与本身的气质相符，更要与自己的职业形象相符。学会像撒切尔夫人那样，穿出"自己"，穿出"职业"和"身份"。所以，在穿衣戴帽之前，一定要学会挑选最适合自己，别让自己的气场输在了穿着上。当你穿出自我的风格时，你也就从外到内地影响了自己，提升了气场。

03. 琳达的改变

琳达小姐第一天来上班的时候，情况糟糕透了。她整个人看上去灰头土脸的，一点精神都没有。肤色暗淡，目光无神，头发弄得比她的实际年龄大了五六岁。这一天她过得并不开心，她觉得在这家知名的广告公司里待着太痛苦了，她与周围的环境完全不符。办公室里充满了时尚的元素，周围的艾达、苏珊小姐一整天都洋溢着自信而美丽的笑容。琳达觉得自己像只丑小鸭，与人交谈的时候她甚至不敢看别人的眼睛，生怕别人会笑话自己。

周末，琳达约了好友见面，把心中的苦闷说了出来。朋友问道："亲爱的琳达，你每天都是这个样子去工作的吗？你为什么不给自己化化妆呢？好好地打扮一番，也许情况会有转机。试试看吧！"

再次走进办公室的琳达像是换了一个人，她为自己化了一个美丽的妆容，皮肤透着光亮,眼睛也是神采奕奕,那一身干练的职业装,简直就是成功女性的代表。琳达忽然找回了自信,不管面对上司还是客户,她都敢正视对方的眼睛,不时地露出自然的笑容。那一天,所有人都在对她微笑,琳达的感觉真是棒极了!

琳达小姐因为妆容和外形的改变,找回了自信,她周围的人和事物也变得和过去不同了,这一切都是她的自信气场引来的。

有人说:美丽与智慧都是上帝赐予的,当我们没有被给予骄人的美貌时,可以用智慧来弥补这一缺陷。实际上,化妆也是一种智慧,一种能够雕饰出美丽的智慧。看到琳达的转变,你不应再怀疑,化妆可以帮助人们增强自信心,营造良好的情绪。它不仅可以让自己的心情变好,也能够取悦他人。

化妆虽然有许多共性,但还得因人而异。如果你只懂得描眉画眼,涂口红,那么你只是懂得化妆的基本技术罢了。化妆,应当是轻描淡写完成的一个奇迹,让所有美丽的元素融入到我们的头发、皮肤、眼神之中,看起来自然大方,而不是夸张和另类。前者能够帮助人们提升气场,而后者则会给人一种不雅不美之感。就像一位著名的化妆师说得那样:化妆的最高境界是"自然"。最高明的化妆术是经过非常考究的化妆,让别人看起来就像没有化过妆一样,并且要与主人的身份匹配,能自然表现出人物的个性与气质。那些次级的化妆是把人凸显出来,使之醒目,引起众人的注意;而拙劣的化妆是一站出来就被别人发现化了浓妆,而这层浓妆是为了掩盖自己的缺点或年龄的;最坏的一种化妆,就是化过妆以后扭曲了自己的个性,又失去了五官的协调。

埃丝黛·劳德是美国最杰出的十大女企业家之一,她以女性的敏锐和聪慧创造了埃丝黛·劳德化妆品系列,畅销美国和欧洲市场。埃丝黛·劳德最喜欢说的一句话是:世界上没有丑女人,只有因不注意修饰而显不出美丽的女人。作为社交界的名流,她的朋友都是知名的人物,比如著名的温莎公爵夫妇,摩纳哥的格丽丝王妃,美国前总统尼克松夫妇、里根夫妇以及英国查尔斯王子与戴安娜王妃。她认为,每个人都是一个潜在的美女,关键在于你是否能够注意挖掘和表现出自己潜在的独特的美。

化妆应该是让我们看起来更加美丽，但并非是要让自己变成另外一个样子。我们实际上想得到的评价是"你真漂亮"，而不是"你看起来真像某某人"。只有塑造出属于你并适合你的形象，从外部形式上展现出你的性格和气质，才能够提升个人魅力和气场。

一般来说，除了在特殊的场合外，不管是在工作还是生活中，都以淡妆为宜。淡妆能够突出人的天然丽质，略施粉黛，恰到好处。若说浓妆艳抹，反倒有失品位。如何做到"浓妆淡抹总相宜"呢？

最重要的一点，根据场合，以自身的特点为出发点。要使自己脸上不符合一般审美标准的部位具有个性美，在化妆时应注意要仔细分析脸型及五官的特点，先找出哪些是理想的，哪些是不理想的，哪些是应该强调的，哪些是应该遮盖的。只有明确了自身的基本情况，才能确定正确的化妆修饰方法。东方人脸型通常缺乏立体感，因此要注重立体打底手法的运用，充分利用阴影色、高光色等进行雕塑修饰。至于更多的修饰方法，这不是我们本书要讲述的重点，如果有兴趣的话你可以参考一些专业的书籍。

总之，当你给自己塑造出一副天使面孔的时候，你会发现你整个人从内到外都变得不同了。你会认为你是美丽的，相信自己是美丽的，然后开心自然地与人交往，这个时候你散发出的气场也会非常具有吸引力。

当然，最后我们要说的是，形象不仅仅是穿衣打扮等外表的组合概念，它还包括一些细微的事项，是外表与内在相结合的、在流动中给人留下的印象。形象的内容宽广而丰富，它包括言行举止、修养、知识层次等等。这些东西清楚地成为你的标签，汇聚成你的气场，告诉你周围的人——你是谁，你的社会位置，你是如何生活的，你是不是有发展前途……只有让这些重要的综合因素充分发挥了作用，你的气场才可以真正地得到提升。别着急，接下来我们要说的，正是这些东西。

04. 来个优雅的转身

莉迪亚从美国总公司到广州分部参加会议,她在大厦里焦急地等着电梯,待电梯停下后,莉迪亚正准备进门,这时一个穿着西服,手提公文包,头发油亮的男人健步如飞地抢到她的前面。进电梯后,莉迪亚发现,那是个外表俊朗的男人,他的表情透露出一股坦然和自信,但他给莉迪亚留下的印象却远不如外表那么好。

莉迪亚说:"我真替他的外表可惜,如果刚刚他不是像猴子一样窜到我的前面,我真的以为他是个很有魅力的男人。可现在,我为他作为一个穿西装的男人感到可怜。"

后来,莉迪亚从美国总部调到广州分公司,她经常出入这些现代化的大厦,而她对于这种现象也已经见怪不管了。她说:"过去,我出门时,总以为前面的男士会像绅士一样为我开门,可结果我常常被门撞到鼻子。现在,我变得聪明了,我已经开始培养绅士风度,习惯性地为我身后的那些男士们开门。可惜,我很少听到他们说'谢谢'。"

外表俊朗,行为举止却令人失望,他怎么能够用气场给他人带来好感呢?歌德早就说过:"外貌只能够炫耀一时,真美才能够百世不殒。"一个人真正的魅力、持久的魅力,在于独特的气质,这种气质对于同性和异性而言都有吸引力,这便是内在的人格魅力的折射。

从为别人"开门"的细节上,我们就能够看出一个人的修为,同时那些对此视而不见的人,必然也会因此而使自己的形象减分。不相信的话,你可以想一想:我们生活中多数的快乐都是通过有修养的行为得到回报的,我们总是在内心里评判另外的人。陌生人的一个微笑,一句友好的话语,都能够引起我们的好感,我们会赞叹他们懂礼貌,同时被他们周身散发出的修养和气质吸引。有

了修养和影响力，就有了吸引人的气场，没有了这些，好的气场也就荡然无存。

无论在什么样的场合下，穿戴得好能够吸引人的目光，但不一定能够展现出迷人的形象。优秀的外表可以让你成为焦点，但如果没有相应的举止和修养，就无法给人良好的印象。很多看似卓越不凡的人，实际上给人留下的影响都是自私而缺乏教养的，甚至令人反感和厌恶，若问原因，就是因为他们那些低劣的举动。

修养常常不在大事上，而是反映在那些你从来都漫不经心的小节上。你以为没人在意，但这只是自己在掩耳盗铃。修养体现在我们的一举一动之中，有标准的社交举止的人并不一定就有修养。曾经有位名人说过："人的气质与修养不是名人的专利，它是属于每一个人的。气质与修养也不是和金钱、权势联系在一起的，无论你从事何种职业，处在任何年龄，哪怕你是这个社会中最普通的一员，你也可以有你独特的气质与修养。"

优美的举止和漂亮得体的衣装一样，能够装点"门面"。要提升个人气场，包装个人形象，最重要的部分就是优雅的举止，它可以让你在他人面前展现出一种巨大的号召力，甚至可以说是魔力。很多事情看似与书中的礼仪、礼貌没有什么关系，似乎微不足道，但是这些不引人注目的小细节往往能够反映一个人的修养。没有修养的举止会摧毁生活中的一些快乐，彻底改变人们对你毫无瑕疵的外表的看法。

到底什么才是优雅的、有修养的举止呢？很多人把彬彬有礼和矫揉造作混为一谈，对于很多没有良好的内在修养的人来说，刻意地寻求优雅的举止，确实会显得装腔作势、东施效颦，无法给人优雅淡定的气场。实际上，修养是一种忘我的境界，在这个境界中，朴实无华的举止才会处处流露出高雅。真正良好的修养并不是体现在外表上，人们只看见一个有教养的人举止高雅，却没有看到内在的实质。有修养的举止，是利用外在的一举一动来传达我们内心对别人的尊重的一种方式，它源于对事理、人情的通达。

想要让你的举止变得优雅，那就要从最基本的三个方面来进行改善，这对于提升一个人的气场非常重要，至少能够给人带来良好的第一印象：

站姿要优美。如果你看有人把双手交叉抱在胸前或背在身后的动作,就会让人觉得你很傲慢;如果站姿弯腰驼背,给人的印象就是无精打采、毫无生气。那么,"站相"到底该是什么样子呢?试着让你的两足分开20厘米左右的宽度距离,或者两足并立在一起,但不要太贴近,以站得稳当为好。如果你是女士,那么可以把两个脚后跟靠在一起,双腿微曲;收腹,挺胸,两肩平行,双臂自然下垂,头正,眼睛平视,下巴微收。

保持优雅的坐姿。不论坐在什么地方,头要正,上身要微微地向前倾斜,双腿轻轻并拢。如果是坐在沙发上,要把大部分身子坐进去。如果是坐在椅子上,基本上要使身体占据大部分或全部椅子,背要直,双肩自然下垂,双手分开放在膝上。如果是女士就要把两足并在一起,并把两个脚后跟微微提起。这样,不仅姿势好看,而且会给人一种沉稳、大方的感觉。如果坐在那里抖动腿或是挠头、抓耳、抠鼻子、拔胡子、跷二郎腿,而且还不停地晃动,这就不太雅观。

练习优美的走姿。每个人都有自己的姿势。熟悉的人在距离较远处辨别人时,主要通过走路的姿势。优美的走路姿势是:步伐要稳健,有节奏,步子不大不小、不快不慢,路线要直,腰背要直,抬头挺胸,体态轻盈、自然,使自己的外部形象能较好地表现出内在的涵养来。

从现在起,让自己拥有期待、渴望成为那种气度非凡、内外兼修的人。如果你想让自己有内涵、有风度、做人恰如其分、做事明明白白、举止不凡,那么改变形象、改变气场就不是一件难事。

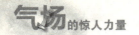

05. "丑女"的气场

魏明帝时,官员阮伯玉之女嫁给名士许允为妻。阮女擅长吟诗作赋,善良贤惠,可谓是德才兼备,但她样貌奇丑。许允在行完婚礼入洞房时,才知自己娶了丑妻,一怒之下离开了洞房,搬到书房居住,声称不会再进阮女的房。尽管家人百般劝告,但许允仍旧不肯。

几日后,阮女在窗前读书时,忽然听说有客人拜访相公。使女查看后禀报,是许允的好友沛郡桓范相公,两人经常书信来往。使女担心地说:"如今,老爷独居书房,视您如陌路,实在没有道理。此次,桓相公又来见老爷,倘若再言论夫人,恐怕老爷更不会进屋了。"

阮女处变不惊地说道:"不必担心,桓相公不是那样的人,他定会劝老爷进来看我。"使女并不相信。果然,桓范听了许允的诉苦后,劝道:"阮家肯将女儿嫁给你,自然对你有情义。听闻阮女样貌虽丑,但才德过人,你千万不能因为小疵而看不到大德。"无奈之下,许允只好进了新房。

阮女看到丈夫进来,心中大喜,正准备起身迎接的时候,却看到许允沉着脸要走。这时候,她心里又痛又气,却还是耐住性子拉住丈夫的衣襟,低头说道:"既然你我已成婚,就是百年夫妻,理应朝夕相处,相敬如宾。怎可长居外屋,刚来即走呢?"

许允本就很生气,看到阮女拉住自己不让出门,更加生气:"德容工言,妇有四德,你具备了哪样呢?"阮女抬起头来,从容答道:"我所缺的唯有容貌,其他的我皆无所缺。请问,世上有百行,君又具备了哪样呢?"许允毫不犹豫地说:"百行皆备。"阮女听此,正色地说:"百行之中,以道德为首。你以貌取人,好色不好德,第一行就不符,能说百行皆备吗?"阮女的义正词严让许允哑口无言,倍感惭愧。阮女见丈夫有悔悟之意,心中暗喜,便请他入座,吩咐下人摆酒取菜,与其对饮。

许允发现夫人言语温柔,德才兼备,渐渐有了转意,当夜就宿房中。

后来,许允为官时,被皇帝冤枉结党隐私,幸好阮女提醒他"明主可以礼夺,难以情求",才让许允赢得了皇帝的信任,保住了官位。许允对夫人的才德愈发佩服,再不嫌弃她样貌丑陋了。

阮女最终能够赢得许允的认可和佩服,全在于她独特的气场!她的气场从何而来?绝不是因为显赫的家世而流露出的蛮横骄傲,面对丈夫的刻薄和"羞辱",她没有表现出丝毫的愤怒和狂癫;她也没有闭月羞花的容貌,无法令丈夫一见面就拜倒在石榴裙下。她所具备的,是一种气度和品质,是一种内涵和韵味。在"女子无才便是德"的年代,她的学识不亚于丈夫,甚至超越了当时的诸多男人。面对丈夫的质问,她能够对答如流,她所说的每句话都无法让人挑出一个"不"字,这种气场震慑力十足。

对于气场的认识,对于自身形象的改变,我们不能够只停留在表层,比如片面地认为外在的装扮要与众不同,行为举止不能太过小家子气。的确,气场强的人,在这些方面都能够做得很好,但我们不能因此而说有了这些表现就有了气场。不久前,朋友曾经给我讲述过他在咖啡馆遇到的事,并感慨一个人有了外在的魅力还不够,内在也很重要。

朋友走进一家咖啡馆,看到门口的沙发上坐着一个身材高挑且相貌出众的女人,她的衣着与她的气质刚好吻合,朋友在潜意识断定这是一位知性女人。朋友买了咖啡坐在她的身后,不多时她的电话响起,当她一开口说话,朋友却失望到了极点。原来,又是一个"花瓶"女人,所有美好的印象都烟消云散了。

一个文化知识浅薄的人,没有内在修养的人,无论外形多么出众,充其量是个躯壳。想要拥有真正的吸引人的气场,还需要在学识、才能、品性、涵养及道德等方面下功夫。就如庄子所言:"德有所长而形有所忘。"

气场不是靠造型或是端着架子做出来的,真正的气场需要一种底蕴,而这种底蕴是再多外部的修饰都无法凝聚的。有句话说得好:"腹有诗书气自华。"意思是指,一个人书读多了,他的气质自然会很好,这是一个潜移默化的过程。我们不能否认,有学识的人总是给人一股奇妙的感染力,我们会敬佩他们知识

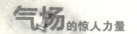

渊博,也会崇拜他们对文化的不断钻研和累积。当一个人用知识丰富了内在,培育了品质,提高了素养,才可能对事物的认识有独特的见解,才可能透过事物的表象看到本质。当具备了这一特质之后,他才能够与他人在言行上彰显出自己的不同,才可能散发出非凡的气场。可以说,气场就是学识的沉淀。

皮克·菲尔博士曾经提出一个"气场训练"课程,在几个阶段的训练中,他以自己丰富的经验,帮助一些人增加了提升自我形象的勇气和智慧。其中,最重要的一点就是让他们变得开始重视内在的品质和学识。体验过该课程的人表示,他们在参加此次训练后,精神气质简直就像变了一个人,充满自信,光彩照人,眉宇间活力四射。他的言谈举止开始受人关注,人们开始乐意与他们聊天,被他们的学识和大胆新颖的观点所折服。

如果你不是天生丽质,没有关系。持久的气场源自内心的充盈和强大。气场有先天的成分,但绝非不能够培养。除了面容上的魅力,言行举止更能够反映出一个人的人生观、个人修养和心态;反过来,这些内在的东西也会充盈一个人的外在形象,让你的气质更加饱满,最终形成属于你自己的风格和气场。

06. 不断更新内在的你

麦特·海默维茨是美国著名的大提琴家,他15岁的时候就举行了人生中的第一场音乐会,而该场演出的乐团则是由梅塔担任指挥的以色列爱乐乐团。当时,演出引起了各界人士的广泛关注。

一年之后,海默维茨获得了艾佛里·费瑟职业金奖。一家知名的德国唱片公司与他签约。之后,他多次获得唱片奖和金音奖等各项著名奖项。然而,就在他名声大噪的时候,这位大提琴神童却突然"消失"了。他在人们的视野中淡淡消失,而他的名字也渐渐被人遗忘了。

后来,有一篇以贝多芬《第二大提琴奏鸣曲》为研究对象的论文在哈佛大学传开，并获得了最佳论文奖。文章中详尽的论述，阐释了作者对音乐的独特见解，而这篇论文的作者，正是海默维茨。原来，几年前他的消失，正是为了到哈佛大学进修。

不管从事什么行业，在自己身处的领域中取得了多大的成就，都必须不断地学习，为自己充电。只有随时吸取知识，才能够让自己变得更加优秀；只有丰富了内在的学识，才能够让外在的气场变得更有力量，更能够吸引人。

学识改变气场，气场改变命运。想要从一个平庸无闻者成为人群中的焦点，仅仅凭借着自身现有的知识是不够的，更多的是靠不断地更新。无论身处何业，都要孜孜不倦地有效学习，不失时机地充实自己、更新自己，这样才能够让自己的气场稳固、强大。同时，如果是真正有志向、渴望充实并造就自己的人，他们大都懂得随时随地积累知识，对于所接触到的一切事物，都留心观察、研究，通过各种途径不断地汲取，使自己的视角更加开阔、思维更加全面，从而对各类问题应对自如。当他们能够从容不迫、处变不惊地应对各种事物时，他的气场自然就是强大的，因为这不是每个人都能够做到的。

不断地学习，充实自己，不仅仅是让头脑里的知识变得丰富，更重要的是它可以改变一个人的"心智模式"。什么叫"心智模式"呢？很简单，就是我们常说的"不怕你做不到，就怕想不到"。很多时候，我们往往凭借着自己认为的方式去做事，结果事倍功半或是失败，这种行为往往会给人带来一种盲目、冲动、不理智的感觉，当然它所传递出的气场也不是具有凝聚力的。通过学习，思考，再学习，再思考，就能够让我们清楚事物之间的内在规律，逐步改变我们的"心智模式"，继而改变我们的行为方式，以及外在的气场。

三国时期，吴王孙权曾经劝诫爱将吕蒙："如今，你身兼要职，不可不去学习。"吕蒙听后，则以军中事务繁忙为借口，加以推辞。孙权说："你以为我是让你去钻研儒学，日后做一个专门传授经学的学官吗？你错了。我是希望你粗略地了解一些历史罢了。你说你事务繁忙，整个国家还有谁比我更忙呢？我经常读书，真是受益匪浅，所以希望你也能够从书中多学到些东西。"于是，吕蒙开始悉心学习，而他的进步也日益明显。

一日，东吴的名将鲁肃同吕蒙一起商议国事，鲁肃听到吕蒙的见解之后，非常惊讶："你如今的才干和谋略，已经不再是过去的吕蒙能够相比的了。"吕蒙听后哈哈大笑，说道："对于有志气的人，分别了数日之后，就不能再用老眼光来看待了。"

士别三日，当刮目相看。鲁肃后来看到的吕蒙，气场变了，而这种气场的转变则源于内在学识的积累。如果你也正为改变自己而苦恼时，不如学学吕蒙，省下时间来更新自我，完善自我。到底该如何去做呢？

首先，别让自己因为固有的经验而停下脚步。这是一个日新月异的时代，外在的环境以一种惊人的速度变化着，甚至是完全无规则的变化。老马识途的故事只能是历史，因为那时候可能只有一条路可走。而今天呢？老马也未必能够识途，可能昨天你刚刚走过一条路，明天它就不见了。这时候，你该往哪儿走呢？世界是个变幻的模仿，每一刻都在进行排列组合。在这样的环境下，你必须改变自己，必须不断地学习。只有不断地更新自我，才能不被淹没。

其次，吸取他人的意见。刚愎自用的人，往往不会有好结局，这种人的气场虽然强硬，却难以服众，因为他们听不进他人的意见。其实，真的想要增加学识和见识，就必须善于倾听，从他人的观点中吸取自己需要的东西，完善自己认识上的不足。多听一次别人的意见，就等于增加了一份学识。

再次，把书当成必备的食粮。人的精力是有限的，不能够亲自尝试每件事并从中获取经验，但可以通过书来实现这个目的。读书能够明理，读书能够开阔视野，启迪思维。书中的智慧和思想会潜移默化地影响我们的思维，书读得多了，学识自然就渊博了，有了这厚重的底蕴，势必能展现出你非凡的气质。

试着不停地更新自己吧！让自己永远都是全新的。如果你能够做到这一点，你的气场将会变得越来越强。

修　炼

凝聚超强的气场

※ 第9章　修炼由内而发的气势 ※

態度的好坏直接影响气场，它就像是一块磁铁，不管你的思想处于正极还是负极，你周围的一切事物都会受到它的牵引。好的态度得到好的结果，坏的态度得到不好的结果。上天给我们每个人都赋予了无穷的才华让我们去施展，关键看我们怎样去做。

01. 最吸引人的气场

"我现在的状况真是糟透了，我在公司里做了很久，每天都很辛苦，可是老板根本不看重我。今天我原本……可是……再这样下去，我真都要发疯了！"

斯蒂文一边在纸上乱画，一面给乔打电话抱怨。斯蒂文在公司里做了一年的设计师，每一次给朋友打电话，他都会说上几句类似的话。

乔在电话的另一头问道："现在，你对公司里的各项业务都熟悉了吗？"

"没有。"斯蒂文说道。

"斯蒂文，我的朋友，我希望你能够冷静下来，认真地对待你的工作。既然你对公司了解得还不多，那么你就该再好好地学习一下。这样的话，等你离开公司的时候，也是有收获的。"

斯蒂文听了乔的建议，开始一丝不苟地工作。每天下班后，他都留在办公室里研究新产品的设计方案，或是其他与之相关的事宜。

半年后,斯蒂文跑到乔所在的加州去看望他。这一次,斯蒂文迫不及待地把自己的情况讲述给乔听:"喂,伙计,你知道吗?这段日子真是太棒了,老板很看重我,我现在被提升了。"

乔笑着说:"我早就猜到会这样的。当初你工作态度不认真,整天抱怨,愁眉苦脸,每天都心不在焉的。现在不同了,你整个人看上去精神多了,就好像没有你办不到的事情一样。你的工作能力增强了,给公司创造了效益,老板当然会对你刮目相看了!"

斯蒂文之所以变得受人喜欢了,变得有成就感了,是因为他的气场变了。就像乔说得那样,斯蒂文变得比过去精神多了,再不是愁眉苦脸的样子,工作态度也好多了,所以那个原本"看他不顺眼"的老板也对他改观了。这一切,都是因为他把消极的气场转变成了积极的气场,气场之间的作用,又把好运带给了他。

斯蒂文的气场如何在短短半年的时间里就发生了翻天覆地的改变?因为他的心态变了。态度的好坏直接影响气场,它就像是一块磁铁,不管你的思想处于正极还是负极,你周围的一切事物都会受到它的牵引。好的态度得到好的结果,坏的态度得到不好的结果。

美国最受尊崇的心理学家威廉·詹姆斯曾经说过:"我们时代成就了一个最伟大的发现:人类可以借着改变自己的态度,改变自己的人生!"

的确,我们无法决定生命的长度,但我们可以决定怎么来度过这一生;我们不能够改变天气的好坏,但我们可以改变自己的心情;我们无法改变自己的容貌,但可以选择展现最美丽的笑容;我们无法去控制别人的想法和行为,但我们能够左右自己;我们无法知道明天会发生什么,但我们还可以把握住今天;我们不能够要求每件事情都顺利,但我们可以做到事事尽力,无愧于心。如果你真的可以做到这些,那么你散发出的就是一种耀眼的光芒,一种积极向上的气息,这就是最吸引人的的气场!

美国联合保险公司有一位推销员,名叫亚兰。亚兰想成为这个公司的明星推销员。他努力应用他在励志书籍和杂志中所读到的积极心态的原则。可是不

久，他遭遇了一个厄运。

寒冬的一天，亚兰在威斯康星州一个城市的街区中推销保险单，却没有做成一笔生意。当然，他对自己很不满意。但他没有因此而气馁，而是选择了积极的心态，将这种不满转变为一种励志的动力。

他记起他所读过的书，应用了书中所提出的原则。第二天，当他从办事处出发时，他向同事们讲述了前一天所遭遇的失败，接着他说："等着瞧吧！今天我将再次拜访那些顾客，我将售出比你们售出的总和还要多的保险单。"

果然，亚兰做到了这一点。他回到那个街区，又拜访了前一天同他谈过话的每一个人，结果售出了 66 张新的事故保险单。

啊！这确是一个不平常的成就，而这个成就是由厄运造成的。起初亚兰在风雪中穿街过巷，跋涉了八个小时，却没有卖出一张保险单。可是亚兰能够把头一天我们大多数人在失败的情况下所感觉到的消极不满在第二天就转化成励志性的不满，并且取得了成功。亚兰真的成了这个公司的最佳销售员，并被提升为销售经理。

瞧，这就是积极心态的力量。但大多数人总是盼望成功会以某种神秘莫测的方式不期而至，可是我们并不具有这样的条件，即使我们确实具有这些条件，我们也许会看不见它们，因为太明显的东西往往会被人视而不见。然而，当你具备了一种良好的心态，你看到的就永远都是充满希望和美好的东西。

皮克·菲尔在《气场》(Charisma) 一书中也曾提到过，改变命运的并不是环境，而是人的心态。哈佛大学几年前做过相关研究，也证实了这一点：态度比聪明才智、教育、特殊才能和机遇都重要。人生中有 85%的成功都取决于态度，只有 15%取决于能力。总而言之，态度左右着气场，决定了成败。

上天对我们每个人都赋予了无穷的才华去施展，关键看我们怎样去做。假如我们改变不了人生，那就改变人生观吧！改变不了环境，就改变心态吧！这是你应该做的，也是能够做的！

02. 谁改变了查理·华德的命运

查理·华德出生在一个贫苦的家庭。他在读小学的时候，就已经开始在外面打零工来接济家庭了。高中毕业后，查理离开了家，成为流动工人大军中的一员。那些日子，查理整天与"边缘人物"混在一起，打架斗殴、赌博，他周围的同伴不是冒险者，就是走私犯和盗窃犯。后来，查理加入了墨本哥潘穷·维拉的武力组织。他时常在赌博中赢得大把的钱，然后又输得精光。最后，他因为走私麻醉药物被警察逮捕，最终受审判刑。在刚刚进入莱文沃斯监狱服刑期间，查理遭受了不少磨难，他声言任何监狱都无法把他关住，他一定会找机会越狱。

然而，就在这个时候，查理的内心突然发生了变化。他仿佛听见了不服和越狱之外的一种声音：停止敌对行动，成为监狱中最好的囚犯。这个声音指引着查理，让他感觉整个人生都在朝着对他最有利的方向行驶。于是，查理·华德改变了自己的想法，他开始学会掌控自己的命运了。查理不再憎恨给他判刑的法官，也不再好打好斗。他决心要避免将来重犯这样的罪恶。查理每天环视四周，寻找各种方法让自己过得快乐一点。他的行为和转变，得到了狱吏们的好感。

一天，有个狱吏告诉他，因为一个原来在电力厂工作的受优待的囚犯马上要获释了，他们要让查理去担任这个职务。查理对电了解甚少，但他到监狱图书馆借了不少书籍，在那位懂得电学的囚犯的帮助下，查理很快掌握了这门知识。查理在狱中工作表现突出，他的言谈举止和态度都给监狱长留下了不错的印象。查理继续用积极的心态从事学习和工作，最后成了监狱电力厂的主管，领导100多人。他鼓励每个人都将自己的境遇改进到最佳地步。

后来，布朗比基罗公司经理比基罗因为被控犯了逃税罪，进入了莱文沃斯监狱。查理·华德对他十分友好，比基罗先生对此也很感激。在比基罗刑期行将

满时,他对查理说:"谢谢你对我如此亲切。等你出狱后,请到圣保罗市来找我,我会给你安排一份工作。"

查理获释出狱后,去了圣保罗市。比基罗先生如约给查理安排了工作。等到比基罗先生去世时,查理成了公司的董事长。在查理的管理下,布朗比基罗公司每年销售额由不足300万美元上升到5000万美元以上,成了同类企业中的佼佼者。

如果查理·华德在被判刑入狱后,一直按照过去的方式对待生活,没有人知道他的结局会怎样?令人欣慰的是,他转变了消极的心态,乐观地、积极地去认识自己的问题,解决自己的问题。这种心态上的扭转,让他的气场也从根本上发生了转变,他不再暴躁、狂怒,不再惹人厌烦,而是恢复了平静的心情,尽最大的努力帮助那些不幸的人,他的头上就像带着一顶叫做"悔悟"、"善良"或是"积极"的光环,让人们不由自主地注意到他,并对他产生好感。而查理本人也凭借着这种气场,吸引到了人生中最有价值的东西。

积极的心态,本身就是一种独特的气场,可以说它是由内而发的一种不可抵抗的气势。积极的心态是一种对任何人、任何情况或环境所持有的正确的、诚恳的思想和行为。换句话说,它能够帮助你拓展希望,给你实现欲望的精神力量,以及强大的自信心。在面对各种挑战和艰难的时候,有了这种气场,你就会想到并展现出一副"我一定能够……我绝对会……"的强大气势。积极的心态是获得成功必备的要素,它是让你的大脑预备成功的先决条件。实际上,从你现在的思维模式上,就能够预测到你将来是否会成功。为什么这样说呢?因为"成功"并非是达到一个怎样的结果,而是说如何让你的生活过得更有意义,更有效率。面对困难,你能够很好地把控自己,有条不紊地主动去解决问题,你的心态是积极的,没有被现实的巨石压倒,你就是成功的。

在生活或工作中,你完全可以运用这种心态,给自己制造出一股强大的气场。把你内心的思想和言谈都引领到努力奋斗的念头上去,你就会打开积极的思路。然后,你自己,包括你周围所有的人都会发现,你的行动变得积极了。相反,如果运用得不好,让消极的气场占据了上风,那么你会认为什么事情都很糟糕,你会在不知不觉中给自己制造不愉快的环境。当你产生了厄运降临的念头时,那么你就会做出一些起消极作用的事,让你变成名副其实的预言家。

如果此刻的你不相信甚至排斥积极心态的力量,那么很可惜,你并没有真正了解积极心态力量的本质。真正有积极气场的人,从来不会否定消极因素的存在,只是他从来不让自己沉溺在其中罢了。曾经读过这样一个故事,现在拿出来与大家分享:

一位太太请了个油漆工,给家里的房子粉刷墙壁。

油漆工刚一进门,就看到男主人双目失明,他顿时流露出怜悯的目光。然而,男主人却非常乐观,每天都和油漆工说说笑笑,油漆工在他家里工作了几天,两人聊得很投机。油漆工也从来没有提起男主人的缺憾。

干完活之后,油漆工取出账单。那位太太发现,油漆工给她打了折扣,比当时谈妥的价钱少了很多。那位太太问油漆工:"这个价钱怎么少了这么多呢?"

油漆工笑着说:"我和您的先生在一起聊天觉得很开心,他对人生的态度感染了我,让我觉得自己的境况还不算最坏。所以,减去的那一部分就算是我对他的谢意。因为,他让我不会把工作看得太苦。"

看到油漆工对自己先生的推崇,那位太太留下了眼泪。因为这位慷慨的油漆工,他自己本身也是个残疾人,他只有一只手!

男主人乐观的气场感染了油漆工,让这个身体残疾意志坚定的人,也找到了生活和工作的意义,并将自己的乐观和慷慨回馈给男主人一家。可见,积极的气场有多么大的影响力。事物本身都有两面性,"好事"也可以说是"坏事","幸事"也可以说是"倒霉事"。到底如何看待,一般都取决于个人的习惯和心态。可以说,生活就如同是一面镜子,当你对它微笑时,它也会对你微笑。

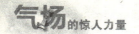

03. 我们还需要不断修炼

古时候，有个书生进京赶考。到了京城，他入住了一家客栈，不知是路途疲惫还是心中紧张，晚上睡觉时一连做了三个奇怪的梦。第一个梦是他在自己家的墙头上种蔬菜；第二个梦则是自己在下雨天里赶路，带着斗笠还打着雨伞；第三个梦是和自己心仪的姑娘躺在一起，可他们却是背靠着背，看不到对方的脸。

这三个梦让书生心里很不安。第二天一早，他就跑到算命先生那里，把自己在梦中的情形统统说了一遍。算命先生听后，叹了口气说："我奉劝你还是回家吧！这三个梦皆是不祥之兆。你想想看，墙上怎么能够种菜呢？这就是白费劲啊！而你在雨中行走，既然带着斗笠，为何还要打伞呢？这就是多此一举啊！再说，你和自己心仪的姑娘躺在一张床上，背靠着背，这就是没希望啊！"书生一听，心里凉了一大截。

回到客栈，书生就开始收拾包袱，准备回家。客栈老板无意中看到了他的举动，觉得很奇怪，便问："再过几天就要考试了，你为何要走呢？"书生又将自己的梦告诉了客栈老板。老板听后哈哈大笑，说："你的梦是吉祥之兆啊！在墙上种菜，摆明了就是'高种（中）'；戴着斗笠打着伞，双重保护，这就是有备无患；你跟姑娘背靠背躺着，说明你就要翻身了呀！"听到老板的解释，书生顿时舒了一口气。他觉得很有道理，精神也为之一振，积极地应对考试，结果竟然中了状元！

在书生看来，自己能够高中可能是天意，因为他做了那三个奇怪的梦。可在我们看来，不禁觉得有些可笑。如果他当初听了算命先生的话，心灰意冷回家去了，或是带着"没戏"的情绪去应试，别说是状元，就连个秀才也当不上。幸好店主对他说了另外的一番话，给他吃了一颗定心丸，让他带着"我会高中、我会翻身"的念头去应试,结果真的灵验了。古人相信运道,而今人更多地相信潜意识和心理暗示。书生的高中,实际上就是心态的转变,气场的转变。他从一种消极懈怠的气场,转变成积极洋溢着自信的气场,这种转变就是他最终成功的根本原因。

拿破仑曾经说过一句话:"人与人之间只有很小的差异,但是这种很小的差异却可以造成巨大的差异。很小的差异即积极的心态还是消极的心态,巨大的差异就是成功和失败。"事实上,一件事情的结果如何,完全取决于心态如何,气场如何。

那些自认为怀才不遇的人,总是责怪别人不欣赏自己;那些悲观厌世的人总是责怪社会的黑暗;那些命运多舛的人总是责怪上天不公。他们总是艳羡别人能够呼风唤雨,如鱼得水,抱怨自己被幸福和好运遗弃。事实上,问题出在哪儿呢? 不是命运的问题,更不是社会的问题,一切都是他们主观上的"我不行"的情结问题。他们在潜意识里就已经给自己下了一个"注定会失败"的定义,他们的心态就是消极的,内在的气场也是消极的。一旦外部环境有了点风吹草动,他们马上就把自己当成了受害者。

同样,那些自认为自己有能力做好一切的人,有能力获得幸福和财富的人,他们有着积极的心态,在潜意识里也给自己下了一个"我能做到"的定义。所以,他们的气场就是积极的,然后朝着大环境中那些积极的东西靠拢,最终得偿所愿。

一切,都是心态的问题;一切,都是气场的缘故。

当然,生活中还有一些"意外"会出现。有时候,积极的心态仿佛"失效"了,你总是在意想不到的时候出现了不愉快的想法,尽管你此刻的内心是渴望积极的。别着急,这是因为你认识到了积极心态的作用,但还没有真正地实行这一原则。积极的心态和思想需要不断训练、学习和持之以恒,你必须拿出行动来主动,乐意去实行,这需要经过一段时间才能够见成效。当消极的想法出现时,你要学会把它排除掉,更要在它的位置上换上一个积极的念头和想法。

吉姆下班回到家,忙碌了一天的他实在太累了。晚饭后,吉姆走进浴室,准备冲个热水澡。热水冲在身上的感觉真是太好了，他感到非常舒服。可就在这个时候，吉姆突然有些不高兴，他想到了昨天和同事詹姆斯因为工作计划争执的事情。想了一会之后，吉姆拿出了自己的"情绪吸尘器"，把与工作、同事、上司有关的事情统统都排除掉了。他知道，这会儿根本无法解决这些问题，他能做的就是把澡洗得痛痛快快。

"情绪吸尘器"，你也可以试着这样做。在这样做的时候你会尝到好处，你头脑里浮现出的愉快景象就会让你的心情顿时变得舒畅。假如，不久之后那些令人沮丧的事情又跑来打扰你，那么赶紧再来"除尘"，再去想美好的事物。这就是有意识地行动，就是有意识地在帮助自己改变心态。可以想象得到：那个昨天还跟詹姆斯因为工作计划争执得面红耳赤的吉姆，第二天早上出现在公司的时候，并不是沮丧颓废的，他还是那么地精神，那么地阳光。积极的心态帮助他保持积极的气场，保持他在人们心中那个好的形象。

其实，除了吉姆的"情绪吸尘器"，还有很多类似的方法，比如改变自己的思考习惯。有位高尔夫球手，每次去球场练球他都认为是"训练肌肉记忆力"。当他上场时，总是重复练习同一个动作，知道他的肌肉可以"记住"动作的规律。实际上，我们的思考习惯也能够做到这一点。这就需要平日里重复训练思维习惯，每次遇到麻烦的时候，都先去想积极的解决办法，而不是消极的抱怨，慢慢地我们的大脑就被训练成积极思考的模式了。

总而言之，你可以决定自己头脑中想的东西，你能够控制你的思想。积极的思想只有在你相信它的情况下才会具有魔力，你必须将信心和思想过程结合起来才能够让它发挥作用。当你发现积极思想无效的时候，是因为你还缺乏信心，你还有怀疑和忧郁，你的气场还不够坚定。这个时候，一定要把消极泄气的念头清除掉，清除干净，这样你就能够变得愉快，觉得痛快。情绪高涨了，气场自然也就不同了。

04. 打败你心里的魔鬼

威廉·奥斯勒在学生时代时,总是对生活充满忧虑,不管做什么事情都要瞻前顾后,一副畏首畏尾的样子。

一次偶然的机会,他读了汤姆士·卡莱里的一本书,书中有这样一句话:"最重要的就是不要用过去的阴影看远方模糊的未来,而要毫不犹豫地做手边清楚的事。"这句话感染了威廉·奥斯勒,他决心要改变自己,不再怯懦胆小。

威廉·奥斯勒变得敢拼敢闯,做事果断坚决了。这种习惯让他成为了一位有名的医学家,并创建了闻名世界的约翰·霍普金斯医学院,成为牛津大学医学院的钦定讲座教授——这是英帝国学医的人所得到的最高荣誉,他还被英国国王加封为爵士。

威廉·奥斯勒对于自己做事的习惯这样解释道:"用铁门把过去和未来隔断,在完全独立的今天里用百倍的勇气做自己想做的事。"就是这句话,又影响了他所有的学生和成千上万的英国青年。

恐惧,是一种胆小怕事的心态,它就像个左右人心智的魔鬼,让人做事畏首畏尾,在人前显示出一副无能的样子。这种人的气场是微弱的,甚至是消极的,就算有机会摆在他面前,他也会拱手让人。这可能是因为他过去遭受过失意和打击,对自己和前途缺乏自信,不敢为自己的未来付出行动,总是在考虑行动的结果,消极地面对眼前的事实,终日处在忧虑之中。从前的威廉·奥斯勒就是这样一类人,不过幸好他找到了那把开启心灵的钥匙,找到了改变气场和命运的出口。

事实上,这个世界上并没有那么多值得担忧的事情。就算你对一件事情产生了忧虑,你也不该总是去想最坏的结果,因为忧虑的事情可能会出现,也可能不会出现,只有这两种可能。当它发生了,那就去积极地解决,想得再多也无

济于事,反倒是给自己上了枷锁。久而久之,就会影响你的心态,让你对一切事物都忧心忡忡。若是真的养成了这样的习惯,你就只能白白地消耗时间和精力,整个人的气场也会沉浸在一片忧郁之中,没有任何生气和活力,甚至会招人反感。

恐惧,多数情况下都是心理作用。不过,它也的确存在,而且会抹煞你的潜能,削弱你的气场。相信在你感到恐惧,并将这种恐惧的感受告诉他人的时候,你的亲人朋友一定会对你说:"哦,不要怕,那都是你的幻想,没有什么可怕的!"这种安慰可能会暂时消除你的恐惧,但它却没有持久的"药效",因为你的心态没有转变,你没有建立信心,消除恐惧。

古印度莫卧尔皇帝一生中经历过许多次困难与失败。有一次,他不得不在一个马槽里躲避敌军的搜捕。作为一国之统帅,躲在马槽里,这让他又沮丧又愤怒,甚至忍不住要冲出去放弃自己的生命。

就在这时,他突然发现马槽里有只蚂蚁在艰难地拖着一颗玉米粒,试着爬过一道看起来根本不可能过去的坎……已经是第六次了,蚂蚁从坎上翻滚下来,但蚂蚁并不畏惧这个巨大的困难,它又一次衔起玉米粒爬了上去,终于它成功地翻了过去。

莫卧尔从中受到了巨大的鼓舞,脱险后他再一次招集军队,不屈不挠地与敌人斗争,最后建立了中世纪最后一个横跨欧亚非的帝国。

当莫卧尔的内心不再畏惧失败和艰难,充满自信和希望的时候,他的气场就已经得到了提升。他在战场上展现了一种不屈不挠地韧劲儿,彰显出一股必胜的气势。

积极的心态是看不见的法宝,它能够发出惊人的力量,让你克服恐惧,克服万难。如果你用积极的心态指挥自己的思想,相信成功是你的权力,你的信心就会使你达到你所制定的目标。如果你因为恐惧而消极了,满脑子都是恐惧和失败,那么你的结果也就是这些了。

维塔是个年轻的小伙子,在做了一年推销工作之后,他决心要成为公司的最佳推销员,争取推销经理的位子。公司的上一届推销冠军,也就是现在某部门的经理,一周内推销90次。这一回,维塔决定挑战极限,实现一周交易100次的目标。

到了那周的星期五晚上,他已经成功地推销了80次,距离目标还有20次。维塔有点消极,也有点害怕,他担心自己会失败。但是,这种沮丧感很快就被打消了。他告诉自己:一定可以达到目标。于是,周六的早上,他又出现在工作岗位上。

直到下午3点钟,他还是没有做成一次买卖,可他知道交易的可能发生不在于推销员的希望,而在于态度。这个时候,他在内心默念了三遍这句话:我是快乐的,我一定会大有作为。

到了下午6点钟,他进行了三次交易,距离目标只差17次了!这时候,他又对自己说:成功是依靠努力得来的,更是为那些积极而不断努力的人保持的。我一定会大有作为。

到了夜里10点钟,维塔累坏了,可他却很快乐。因为,他完成了20次交易,他达到了目标。他也终于知道,积极的心态能够战胜恐惧,也能够把失败转变为成功。

看到这些依靠积极心态改变人生命运的人,别再担忧害怕了,给自己一点信心和鼓励,打败你内心的那个魔鬼。告诉自己:"我是幸运的,我是顺利的,我注定是不平庸的,没有什么可以击倒我。"让这种思维成为惯性,用积极的心态去改变气场。别害怕,任何人都可以做到,只要他想做到!

05. 总要试试才知道结果

埃尼斯在美国得克萨斯州的一家电视台销售广告时段。他刚刚做这行不久，却被安排了一个最难的工作，这是电视台的惯例，锻炼新人就要从最难的工作开始。比其他新人更"不幸"的是，埃尼斯要面对的是那些由于种种原因而停止购买广告时段的客户。埃尼斯总是一家客户一家客户地去跑，他几乎找遍了名单上记载的所有的公司，可结果都失败了。埃尼斯太沮丧了，他甚至想到了放弃，可他没这么做。两周过去了，埃尼斯没有完成一笔生意。

一天早上，电视台召开销售会议，经理宣布晚上 11 点的天气预报时段也公开出售。埃尼斯突然意识到：这段时间在电视播放时间段中，非常有影响力，很多客户都愿意购买这个时段。埃尼斯心想："我就要推销这个时间段，这就是我要做的！"

例会结束后，埃尼斯仔细研究了一下客户联系卡，他发现有一个名叫鲁卡的客户，已经五年没有购买过电视台的广告时段了，而且很多联系过他的销售代表，对他的评价很不好。其中有这样几条："鲁卡痛恨我们的电视台。""鲁卡拒绝和销售代表通电话。""鲁卡简直就是不可理喻。"看到这里，埃尼斯笑了，他想看看这个人究竟有多坏？埃尼斯又想到，如果自己做成了这笔生意，那真是一件令人骄傲的事。于是，埃尼斯决定挑战一下。

在去往鲁卡的工厂的路上，埃尼斯很紧张，但他不停地为自己鼓劲："他以前在我们电视台买过广告时间，我一定可以让他再买一次。""我一定会和他达成协议，我相信，一定会这样的……"

当埃尼斯走到楼梯口的时候，他心里又有些担忧："如果他拒绝了我怎么办？"埃尼斯看着手里的联系卡，呆呆地想了十分钟，他想："也许鲁卡比我想象中更坏。我真是不该来这里，我不该来的。"

"可是,我费了这么大力气,开了一个多小时的车来到这里,难道就是为了胆小得不敢见他吗?不,埃尼斯,你不是个懦夫,去和他谈谈吧!大不了,他会把你扔出去,但他这么做有什么用呢?你又不会失去什么?进去吧……"埃尼斯又开始为自己鼓劲。

最后,埃尼斯打起精神,上了楼,按了鲁卡办公室的门铃。响了几下后,没有人回应。埃尼斯这时候心里有些窃喜:"太好了,没有人在。以后,我再也不来这儿了。"突然,埃尼斯看到一个高大的人朝着自己的方向走来,他知道可能是鲁卡,因为卡片上面清楚地写着,他是个异常高大的人。埃尼斯当时的第一个想法就是,掉头离开。可是,来不及了,鲁卡已经发现了他站在门口。

鲁卡穿着一身休闲装,而埃尼斯穿着一套西装。埃尼斯故作平静地和鲁卡打招呼:"嗨,您好。我是xx电视台的爱德华·埃尼斯。"

"马上离开这里!"鲁卡冲着埃尼斯大声地吼道,他看起来非常生气。

埃尼斯鼓起勇气说:"不,等一下。我是这家公司的新职员,我希望您拿出五分钟的时间来帮帮我。"

这时候,鲁卡已经把门打开了,他让埃尼斯跟着他进去。鲁卡坐下后就开始说,电视台对他公司的报道多么地糟糕,销售人员是多么地可恶,他们不守信用,没有做到承诺过的事。埃尼斯认真地听着,然后把联系卡递给鲁卡:"您看看这张卡片,上面是他们对您的评价。"

鲁卡看过了卡片,没有再咆哮。过了一会儿,埃尼斯打破了冷场,说道:"鲁卡先生,不管过去发生了什么事,不管您怎么看待他们,他们又如何评价您,这些都过去了。现在我想说的是,晚上11点的天气预报广告时段公开销售了,这个时段非常好,如果您购买的话,对您的生意有很大帮助。我发誓,我会做得很好,请您相信我。"

鲁卡竟然听进去了埃尼斯的话,他说:"好吧,希望你不要和他们犯同样的错误。"就这样,埃尼斯做成了这笔生意。当他把订单拿回公司给其他销售代表看的时候,他们都惊讶了,觉得埃尼斯做了一件"根本不可能完成"的事。

当一个人的心态是积极的,是充满自信的,他就萌生了巨大的勇气,会用

积极的行为去改变自己的处境。埃尼斯积极的心态战胜了恐惧和担心，帮他克服了怯懦和退缩，他那坚定而充满自信的气场使他赢得了鲁卡的信任，最终让他将订单收入囊中。如果他在犹豫的时候选择掉头离开，或是听到鲁卡大骂电视台和销售代表的时候尴尬得不知所措，那么可想而知，今后很难再做成这笔有挑战性的生意了，甚至他日后也难有什么大作为。因为他的心态是消极的，他是怯懦而害怕挑战的，在没有见到鲁卡的那一刻，他的气场上就已经让他败下阵来。

　　生活中难免会遇到有挑战性的事物，或是一些棘手的问题。如果我们被吓倒了，在气势上短了一截，认定了自己挨不过，那就只有"认命"的份儿了。一个人若是消极处世，气场就会慢慢消失，最终沦为一个不起眼的平庸之辈，过着淡然无味的生活。事实上，很多看似强大的、不可战胜的东西，并不如我们想得那么可怕，如果因此而消极，就会失去许多成功的机会。有时候，它们的强大只是源于我们内心的弱小。

　　电影《风雨哈佛路》讲述了一个催人奋发的故事：生长在纽约的女孩莉斯，没有良好的家庭环境，父母吸毒，周围的人也都是得过且过，仿佛环境注定了他们未来的人生路。她小小年纪就经历了人生中的无数艰辛和辛酸，但她没有丝毫抱怨，也没有就此沉沦。她始终相信，凭借自己的信念和努力可以改变现在的一切。最终，这个贫苦的女孩用乐观的心态和顽强的毅力改写了自己的人生，梦寐以求的哈佛大学向她敞开了双臂，她用自己亲身的经历告诉世人：人生其实可以改变。

　　我们从来不会被生活打败，我们只会被自己打败，败在自己的心态上。有些事情，我们只有努力去尝试，努力去做，才有可能变为现实。如果连试一下的勇气都没有，始终抱着"我不行"的态度，那又谈什么成功呢？一个没有勇气和魄力的人，注定是生活中的失败者；一个没有自信的人，消极处世的人，注定无法散发出吸引人的磁场。

06. 不一样的生活

这是玛莎来到沙漠的第七天,她简直快要疯掉了!上周,玛莎的丈夫接到命令要到沙漠里参加演习,为了陪伴丈夫,玛莎跟随丈夫来到了这里。白天,丈夫去参加演习了,她只得一个人待在营地的小房子里。沙漠里简直太难受了,天气热得让人难受,即便是在仙人掌的阴影下也有华氏125度。更让玛莎难过的是,这里没有人陪她聊天,她身边只有印第安人和墨西哥人,他们之间语言不通。这一刻,玛莎有些想家了,她把自己在沙漠里的情况在信中如实地告诉了父亲。

几天之后,玛莎收到了父亲的回信。信的内容很短,只有两行字:"两个人从牢中的铁窗望出去,一个看到泥土,一个看到繁星。"

这句话让玛莎心头一颤,她明白了父亲的意思,惭愧之余,她决定在沙漠中寻找"繁星"。于是,玛莎开始努力与当地人交往,而他们也非常乐意和玛莎交流。慢慢地,玛莎对当地人的纺织和陶器产生了兴趣,当地人也很大方地把一些纺织品和陶器送给她。后来,玛莎又开始研究沙漠里的那些植物,观察土拔鼠。有时候,她还和当地人一起看沙漠日落,寻找几万年前沙漠还是海洋时留下的海螺壳,她的生活变得丰富多彩多了。原本枯燥无聊的沙漠环境变成了令人兴奋和着迷的奇景。玛莎不再想着回家,她已经喜欢上了这个地方。

故事到这里就结束了,但它带给我们的启发却才开始:沙漠环境没有改变,人也没有改变,所有的事情都没有改变,而玛莎的生活却发生了翻天覆地的变化,到底是谁的作用? 心态! 玛莎的心态变了,气场变了,她不再是那个整天想着回家,处于低迷甚至颓废状态中的人,她心态变得积极了,人也变得开朗热情了,她积极的气场引起了当地人对她的好感,然后开始了友好的往来。

这就是心态的力量。心态上的小小改变,会让一个人外在的气场有震撼

性的改变。不信的话，看看世界上那些成功卓越的人，他们总是活得很潇洒、自在，永远充满活力和斗志；再看看那些失败者和平庸者，无疑不是在痛苦、空虚和艰难中挣扎，好像生活欠了他们的债，一副苦大仇深的样子。前者永远都是人群中最闪亮的焦点，而后者永远是不起眼的立在那里，甚至或是让人想要远离，因为谁都知道消极的情绪会传染。实际上，并不是现实生活将他们分为两类人，而是他们的心态不一样，是心态决定了他们的气场，气场决定了他们的命运。

一个人的心态好不好，从他外在的言行中都能够反映出来，没有办法伪装。即便他强颜欢笑，但他周身散发出的气场却和那些真正快乐幸福的人不同，总是有几分虚假和做作在其中。不信的话，你可以看看下面这个真实的故事：

两个旅行团先后抵达海滨风景区观光，因为当地刚刚经历过一场台风和暴雨，路面受到严重破坏，到处都是坑坑洼洼的，还有一些软软的凹洞，一不小心就可能会踩到。两位导游担心游客摔倒或是弄脏了鞋子，都非常认真地提醒游客。

第一位导游对游客说："大家小心一点，这里的路面很糟糕，有很多坑，千万不要摔倒了，也不要踩到洞里。"游客听了之后，自然会加小心，他们每走一步都紧盯着脚下，生怕自己摔倒。虽然四周的风景很美，可他们却把心思都放在了脚下。尽管如此，还是有游客不慎踩到了洞里或是滑倒，这时候串串骂声随口而出。游客的抱怨一直不断，所有观光的好心情都没了。

第二位导游面带微笑，非常幽默地提醒游客："大家注意了，现在我们来到了酒窝大道。这条路只有经过暴风雨的洗礼才有，这次大家有幸赶上了，一定要尽情体会。不过我得提醒大家，这一路上的酒窝非常多，它们可能会因为喜欢你们中的某一位，把他拉进怀里。有些酒窝藏得很好，你们要小心一点哦！"游客们听了导游的解说，哈哈大笑，同时也放慢了脚步，耐心地体会着这条酒窝大道。途中，也有游客不小心摔倒，而这位导游却面带笑意地说："您真是太有魅力了，酒窝舍不得您离开。"摔倒的游客笑了，起身说："我可不想跟它做伴。"

这一路上，游客们走得并不快，可脸上的笑容却一直都没有消失，没有人抱怨天气，也没有人抱怨自己倒霉摔了跟头，伴随着他们的是幽默的解说和不断地欢声笑语。有人说："这次旅行加了一个游览项目，走酒窝大道，这辈子还是头一次经历，真是不错啊！"

同样都是旅行团，同样都是走在坑坑洼洼的路上，可两个旅行团成员参观的过程和结果却大相径庭。不得不说，这一切与导游有密不可分的关联。在一个旅行团中导游就相当于"领导"，她们的心态和气场，直接影响到了一个团队。

第一位导游，虽然也是好心提醒游客，但她的气场告诉了所有人，她不是个乐观开朗、热情的姑娘，她只是在尽自己的工作职责罢了。结果，游客在这种气场的影响下，没有好心情去观光享受，只是抱怨天气，抱怨道路不平。第二位导游带领的小团队，气氛活跃，一路上欢声笑语，这一切都与她自身的气场密不可分，她说话幽默，热情大方，周身洋溢着一种快乐的味道，而跟随她的那些游客们，自然也会被这种气场所感染。

看到这里，你一定也明白了，一个人的心态虽然是内在的，但任何人都能够从他外在的言行和他自身散发的气场中，感受到他内心的喜怒哀乐。生活就如同那条酒窝大道，难免会因为暴风雨而变得泥泞不平，上天会让我们每个人都走一次这条路，走得好与坏，开心与否，全在你的心态！你是愿意愁眉苦脸地抱怨着走过，还是笑着品味它带给你那不一样的感受呢？

※ 第10章　锻造强大的感染力 ※

意志力是在这个世界上获得成功的唯一源泉，它在很大程度上决定了一个人气场的大小、强弱和正负。很多才华非凡的人，最终一事无成，甚至轻易地就被困难打败了，或是迷失了方向，只是因为缺乏意志力，在该坚持的时候选择了放弃。要想提升你的气场，首先就要提高意志力，只有强大的意志才能为你赢得更多的人生财富和幸福。

01. 成为伟人的秘诀

在世界科学史上，居里夫人是一个永远不会被人忘记的名字。居里夫人出生在波兰华沙，原名玛丽亚·斯多沃夫夫斯卡，是五个姐妹中最小的一个。她的童年生活十分不幸，妈妈得了很严重的传染病。后来，妈妈和姐姐们都相继去世了，在这样的情况下，玛丽亚学习十分刻苦，从小学开始，她每门功课都考第一。接下来，她又以获得金奖章的优异成绩从中学毕业。1903年的时候，她和丈夫用了3年零9个月的时间从成吨的矿渣中提炼出了0.1克镭，震惊世界，获得了诺贝尔奖。几年后，丈夫逝世了，在经历了人生的重重打击之后，她仍然不放弃学习，继续自己的研究，于1911年，玛丽亚·斯多罗夫斯卡又获得了第二次诺贝尔奖。

意志创造了人，同时它也在控制人。海明威在《战地春梦》这本有关第一次世界大战的小说中写道:"世界击倒每一个人,之后,许多人在心碎之处坚强起来。"在遇到挫折打击时能够爬起来前行,在面对重压时依旧傲然挺立,不放弃自己的理想,坚定自己的方向,这就是意志力对人所起的积极效用。

意志力是在这个世界上获得成功的唯一源泉,它在很大程度上决定了一个人气场的大小、强弱和正负。我们看到很多才华非凡的人,最终一事无成,甚至轻易地就被困难打败了,或是迷失了方向,这就是缺乏意志力,在该坚持的时候选择了放弃。所以,想要提升你的气场,就必须提高意志力,而且它还能够为你赢得更多的人生财富和幸福。

历史学家曾说:"美国的救世主是林肯,没有林肯美国很可能会因为种族不平等而解体。"然而,这位拯救美国开国以来最危险局面的伟人,却是个出生贫寒,历经了无数坎坷,无论是在家庭、事业还是政治方面,都屡遭打击的人。

林肯在成为总统之前,根本交不出一张可以炫耀的履历表:7岁时,家里没有房子,他被迫出去打工;9岁时,母亲去世;22岁时,与人合伙做生意,三年后同伴死去,留下他一个人还欠债多年;26岁时恋爱了,但爱人因心绞痛去世;28岁时,向另一位女子求婚遭到拒绝;37岁时,第三次参选才选上国会议员;39岁时,参选国会议员失败;1849年,40岁时,他想在自己州内担任土地局长,遭到拒绝;41岁时,他失去自己4岁的爱子;45岁时,竞选参议员失败;47岁时,竞选副总统失败;49岁时,竞选参议员失败;51岁,成为美国总统。

林肯坚信自己一定会成功,即便是屡战屡败,他也从未怀疑过自己,他拥有无比的自信和超强的意志力。在他看来,暂时的失败不过是命运的考验,绝不是彻底的拒绝。所以,他取得了不凡的成就。换个角度来说,如果林肯在21岁第一次失败时,就不再尝试做生意;如果他在22岁第一次落选州议员的时候,就永远不再从政;如果他在26岁遭遇了爱人的离世后,就决定不再爱……那么,历史上还会有林肯这个人吗?

生活中的打击都是插曲,那些失败也不意味着成功就此终结。当你因为失败而丧失了自信和意志之后,你就会认为自己不适合做那些事情,转而想要过得安稳和踏实一点,你就会向人生的困难低头。这个时候,你的气场就变小了,

变弱了，并一点点地朝着负方向倾斜。气场与意志力有很大的关联，这就如同一个人需要灵魂，宇宙需要最核心的动力一样。你必须终生保持强大的意志力，不管做什么事情都要督促自己谨慎而坚持。一天也不要松懈，除非你想要放弃某些欲望，彻底地放纵自己。这个世界上，有太多伟人的伟大业绩，以及他们巨大的影响力，都是依靠着意志实现的。

日本松下电器公司的创始人松下幸之助，曾经只是一个读过四年书、家中一贫如洗、体质虚弱的穷孩子。他饱尝了人间的辛酸，但他从不愤世嫉俗，也从不向命运妥协，在人生的"大学"里积累经验，建立了自己的"松下哲学"。在他24岁那年，他用仅有的积蓄创办了"电器公司"。最终，又凭借执著的信念、诚实的品格、缜密的经营方略，把这家小公司建造成了庞大的"松下帝国"！

还有俄国诗人罗蒙诺索夫，原来只是一个捕鱼的青年，求学时一个拉丁字也不识，被人讥为"大傻瓜"，连老师也看不起他，羞辱他。但他的意志力非常顽强，在这样的处境下他积极上进，最终成了一位大学者，并成为世界历史上第一个创立大学的人，被人誉为"俄国科学史上的彼得大帝"。

很多伟人在成就大的事业之前，也都是普普通通的人，只是他们的意志力更强一些。事实上，我们每个人都有意志力，它就潜藏在我们的身体之中。当它爆发的时候，我们无往而不胜；当它沉默的时候我，我们一事无成，只能够叹息命运不佳。想成为伟人，那就试着引爆你的意志力吧，它对一个人的价值不可估量。

02. 你可以坚持多久

在上世纪的印度，人们尊崇一位精神导师，他向人们提供精神的力量和东方的智慧，他用生命换来了别人的生存，这个人就是甘地。

甘地生前，曾经进行过无数次的绝食斗争，他的非暴力哲学让英国人不得不离开印度。为了达到和平抗争的目的，甘地决心过苦行僧一般的生活，他用绝食的方式来制止暴乱和杀戮,他支持工人罢工,反对一切苛刻的雇佣条件。甘地从不畏惧英国人,但他却畏惧黑暗,他睡觉的床边总是灯光长明,他对印度人民的联合与统一充满了信心和热情。

甘地担负起了把独立的要求转变成全国性群众运动的职责,动员所有人与帝国主义展开斗争。甘地一生始终坚信一点:被动反抗和非暴力不合作,在任何时候、任何情况下都是有效的。他的精神是充满智慧的,是坚忍不拔的,是充满同情心和活力的,他的智慧就是印度人民最强大的精神武器。

在多数人看来,一个人是否有力量,全在于他的性格和手段。那些性格温和而从不采用暴力的人,有时会被人视为懦夫。然而,甘地却改变了人们对力量的看法,他以温和和非暴力著称,始终坚持自己的信念,这种强大的意志力萌发出的气场,让他成了印度最有影响力的领袖。

意志力的强弱,决定了一个人此生成就的大小。怎样才算得上意志力强大呢?关键在于坚持。有句话说:"九十九次的失败,到第一百次获得成功,这就叫做坚持,坚持在于不间断地努力。"善于坚持的人总能锻造出一股强大的感染力,也许你会无视一滴落在地面上的水,但若你看到它能够把坚石滴穿的时候,你怎么可能仍旧无动于衷呢?你肯定会信服,但你不一定能够像它那样。这就是为何有些人的气场能够影响周围的人,乃至更多的人,而有些人却注定平庸一辈子,碌碌无为。

也许你会对我说:"我一直都想成功,也试过了很多次,但一直都没有好的结果。"很多次是多少次?上百次,几十次,还是只有几次?成功原本就不是随随便便可以得到的,就像伏尔泰说得那样,想要获得成功就必须坚持到底,剑到死时不离手。听到了吗?剑到死时不离手!这是一种什么样的意志,是多么宏大的气场,你距离它还有多远?

很多时候,不要抱怨成功太艰难,路途太坎坷,你需要的是增强你的意志力,还有你的恒心。坚持不懈意味着有决心,当我们感到精疲力竭的时候,放弃是最简单的,也是看起来最好的选择,然而成功者在此时却忍住了。他们的意志力是普通人难以想象的,甚至为了成功,他们可以选择"一生只做一件事"。

　　王文京是用友软件股份有限公司的董事，他用自己的行动阐释了"坚持就是胜利"的道理。王文京从前也是一介穷书生，但他仅用了十几年的时间就拥有了高达数十亿元的个人资产，他一手缔造的用友软件成了中国财务软件的佼佼者。每次说到自己的成功，王文京总是这样说："一生只做一件事。专注，坚持。"他说："经营企业和做很多事情一样，总要把最基本的东西做好，一次两次不够，贵在坚持。不论现在的起点是高还是低，规模是大还是小，重要的是要去做。每个企业都是从小发展起来的，认准了方向，把握机会，坚持下去，就一定能有大作为。"正是依靠着这种踏实专注、坚持努力，王文京才使得他的"用友"软件一直跳跃在浪尖上。

　　王文京如是，法国有位警官也是如此。

　　法国马赛有一名警官，为了追捕一名奸杀女童的罪犯，他查了十几米高的档案，走遍了四大洲，打了30多万次电话，调查范围达80多万平方公里。这些年，他把所有的精力都放在追捕罪犯上，即便两任妻子都和他离了婚，他也没有放弃。历经了52年的追捕，他终于将罪犯绳之以法。当他用手铐铐住凶手的时候，他已经是73岁的老人了。

　　有人问他，为了追捕罪犯舍弃了家庭，到底值不值得？他说："一个人一生只要坚持干好一件事，这辈子就没白活。"

　　看到这里，你我都不得不佩服王文京，崇拜法国马赛的这位警官。即便我们无缘和他们会面，单只是听到他们的故事，都已经能够感受到他们身上那种坚韧和顽强的气场了。很多时候，我们做得不够好，只因为我们少了一份意志力，一份坚持。

　　每一种成功的背后，都有不为人知的心酸，但每一种成功也都有个共同的秘诀，那就是坚持。有人曾经问过小提琴大师弗里兹·克赖斯勒，为何他能演奏得如此好，是不是运气好？弗里兹·克赖斯勒回答："这一切都是练习的结果。如果我一个月没有练习，观众可以听出差别；如果我一周没有练习，我的妻子可以听出差别；如果我一天没有练习，我自己能够听出差别。"

　　想让自己像弗里兹·克赖斯勒一样，用自身的实力和魅力感染更多的人吗？那就坚持做好你该做的事吧！气场的提升原本就是一个综合提升的过程。

当你处于人生低谷的时候，你要时刻提醒自己你所留意的，你想要的；更要告诫自己，这些问题不会一直纠缠着你，无论境遇多么艰难，都不能够让生命陷入其中。坚持不懈地去努力，就像你从未遇到失败一样。凭借毅力和弹性去追求自己期望的目标，必然可以得到你想要的，最可怕的就是在中途放弃，那你便会一无所有。

这些道理谁都明白，更重要的只有少数人很快拿出了行动。所以，就从今天开始吧，拿出必要的行动，哪怕只是一小步。你渴望提升意志力和气场，那你就该先行一步！

03. 在耐心中努力等待

等待与机会同在，这是拿破仑信奉的一句格言。

拿破仑在担任革命军小队长的时候，就等待着崭露头角的机会。在等待中，他利用各种机会，渐渐掌握了法国军事和政治实权，并且运用各种外交手段，以保证法国独立。至此，拿破仑成了法国人民心中的英雄。后来，拿破仑登基为皇帝，让法国成了欧洲的霸主。

从表面上看，拿破仑是一个战绩辉煌的人物，可实际上，他是经历了无数次的失败和挫折，以坚强的意志力和巨大的勇气，才取得了最后的成功，这种成功就是"等待后的成功"。

在征服了全欧洲之后，拿破仑说了这样一句话："庄严与滑稽之间只有一步之隔，等待与机会之间只有一步之邻。"

他是想告诉世人：虽然自己吃了败仗之后，狼狈地逃走看起来十分的滑稽。但是不久之后，自己必然会庄严地扳回面子。

善于等待的人通常都散发着一种超凡的气场，他们做事从不会毛毛躁躁，

也不会冲动，可能有人觉得他是无所作为，贪图安逸，然而他却总是在最关键的时刻抓住时机，做出惊人的举动，敲开成功的门。就像拿破仑一样，失败的时候仓皇而逃，任人讥笑，可谁也不知道他在那一刻暗暗下了决心，在过后的某一天庄严地为自己找回面子，并得到比面子更重要的东西。听起来很容易懂，可很多人都无法做到这一点，因为他们按捺不住"寂寞"，少了一份耐心，做不到等待。

等待的过程很难受，尤其是在失败中等待。因为这个期间，人的内心会脆弱，很容易灰心。不少人在失败后也选择了等待，但他们的"等待"就是听天由命，或是等着天上掉下一个馅饼砸在自己的头上。此时，这个人的气场已经随着上一次的失败消失了，他们愈发显得平庸，甚至还带有一些负面的情绪，让气场也成了负的。而那些真正伟大的人，他们的气场由内而发，不会因为外在的环境和一两次的失败而被削弱，他们选择的等待，是有计划和目标的，是怀抱着信心和希望的，他们是在等待中向着自己的目标不断地前进。这是一种意志，坚韧的意志。

凭着一种韧性，他二十年来潜心做了一件事，终于让五湖四海的人们几乎在一夜之间承认了他。他就是轰动网络的历史小说《明朝那些事儿》的作者，石悦。

成名之前，石悦是一个再普通不过的人：出生在平凡百姓家，性格偏内向；从上学以后成绩一直都是不好也不坏，没有任何特长，一直被老师、同学视为资质平庸、未来平平的男孩儿。

石悦唯一与众不同的，就是对历史的痴迷。还在上小学时，当别的男孩子整天拿着变形金刚、仿真手枪玩得不亦乐乎的时候，石悦却对汗青故事册情有独钟。一套《上下五千年》，是他童年、少年时形影相随的"好伙伴"。进入大学，许多同学谈恋爱，玩网游，而石悦仍然将自己的课余时间全都交给了史书。只要一有空，他就会一头扎进图书馆，如饥似渴地阅读着一本又一本厚厚的历史丛书。

大学毕业后，他依旧躲进史书中与各朝各代的汗青人物交友为伴。石悦成了众人眼中的另类，甚至被大家认为有点孤僻。

在实际生活中，他不抽烟不喝酒、不打麻将不泡吧，也不爱交朋友，一点都不像"80后"的年轻人。下班后，基本上没有任何休闲活动与社交应酬，常常将自己关在狭小的房间里，独自沉浸在那些刀光剑影、富贵浮云的汗青往事中，或者奋笔疾书地记录着一些有趣的汗青故事。

直至有一天，一个题目叫《明朝那些事儿》的汗青小说帖，在天涯论坛、新浪网站风起云涌，深受网友追捧，每月的阅读点击率超过百万。当很多出版商赶赴石悦的单位争相要和他签订出版合约时，大家方才发觉这个平时毫不起眼、有点木讷内向的青年就是目前网络中鼎鼎大名的当红笔者"当年明月"。

后来，有媒体记者向石悦讨取成功经验时，他调侃地说道："比我有才华的人，没有我努力；比我努力的人，没有我有才华；既比我有才华、又比我努力的人，没有我能熬！"

"熬"，就是一种等待。可想而知，在默默无闻创作的过程中，要经历多少煎熬，多少犹豫，多少忍耐。石悦在写作的过程中，是否想过要放弃，我们无从知晓。我们所能够知道的就是，即便他有过沮丧和想要放弃的念头，他也忍住了，继续向着自己的目标努力。忍耐和等待的确是痛苦的，但它却是锻造意志力最有效的途径。记得奥斯汀曾经说过这样一句话："在你心中的庭院，培植一棵忍耐的树，虽然它的根很苦，但是果实一定是甜的。"

对于所有成大事的人来说，问题的关键并不在于能力的局限，而在于等待成功的意志力是否坚决。能力是取得成功必须的条件，但并非是必要的条件。我们不妨回顾一下那些受人瞩目的气场强大的成功者们，在提及成功秘诀的时候，他们很少说起"能力"，说得最多的都是那些给予能力本身的启动力、渗透力、持续力等力量。促使他们成功的，不是只有能力，而是努力和忍耐。每个人的潜力都是无限的，能力可以培养和锻炼，但是引爆潜能的前提依然是需要强大的意志力。当具备了强大的意志力，成功的信念，善于努力和忍耐，那么你就可以得到最后的胜利。

等待成功的过程，不要心灰意冷，让失败和困难削弱了你的气场。事实上，人生的难关有很多，每个人都必须得经历，这也是上天最公平的安排。但是，至

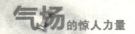

于成功与否，你在历经挫败后还能否保持强大的、无畏的气场，那就要看你的意志力了。能够突破难关，那你就是英雄，不能够突破，那你就必须从成功的棋盘中出局。还是那句话，当你的气场是强大的，思想是积极的，意志力是顽强的，那么你就会朝着突破困难的方向努力，得到好的结果；相反，你在气场上矮了半截，被困难吓到了，那你就输了。

做个气场坚定而强大的人，就必须学会等待成功，处变不惊。若是总想着一下子冲进成功的怀抱，过于浮躁，多半会让自己彻底心灰意冷。锻造感染力的前提是你自身必须足够强大，让自己变得强大的秘诀，就是学会等待，消除灰心，克服万难。

04. 有种修养叫做"忍"

美国南北战争中盖茨堡战役爆发后第三天，全国各地洪水泛滥。南方军总司令李将军带着部队向南撤退。在波特麦边界，他们发现前方的桥梁被洪水淹没，后面还有乘胜追击的北方军队，李将军非常绝望。然而，林肯得知这一情况后却很高兴。他认为这正是消灭南方军的大好时机，他下令让梅德将军马上进攻李将军的军队。

梅德将军在接到命令以后，并未听从林肯的命令，而是召开了一个战前会议，拖延时间不去进攻。时间一拖延，河水自然就退却了，李将军乘机逃回波特麦。

林肯非常气愤，大骂梅德将军："你都做了些什么！我真不知道我怎么说或怎么做，你才能按我的意思去做呀！在那个情况下，任何一个将军都能打败李将军的，若是当时我在场，我一定会亲手用鞭子抽他。"

林肯在悲愤之余，给梅德将军写了一封措辞严厉的信：

"我敬爱的将军：我想李将军的脱逃带来的不幸，对你而言是不重要的。假如你当时按照我的命令把他们给包围起来，李将军和他的部队早就成了瓮中之鳖，再加上前一阵子我们所打的胜仗,我想这场战争就算是结束了。然而从现在的形势来分析的话,我想战争还会再延续。对那一天的情况,你只要用三分之一的力量就可以轻易地拿下他们,而你却不能如期完成,那么当你在靠近南方且更加恶劣的状况下,你又怎么能够完成我所交给的任务呢?你还指望我相信胜算如往昔一样吗?你的大好机会已经失去,而我对此感到十分痛心和遗憾。"

林肯的这封严厉的信会使梅德将军感到震惊和懊悔吗?

不会。因为梅德将军从来都没有看到这封信。林肯压根儿就没把它寄出去。

林肯是美国历史上一位被人们当作圣人崇拜的领袖,在美国历史上不可胜数的伟人中,林肯的形象和气场永远都是高踞于他人之上。这一切,都源于他高尚的品德和自身的修养,这种气场锻造出的感染力无与伦比,所以他能够成为全美国人的骄傲,以及他们的朋友和完全可以信赖的领袖。仅仅从他对待梅德将军的这件事中,我们就不得不承认,林肯的意志力很顽强,至少作为总统的他在下属违背命令的时候,能够忍住自己的一腔怒气,把那封措辞严厉的信永远留给了自己。

不可否认,任何人都有自尊心和好胜心,然而为何有人散发出的气场是吸引人的,让人感觉舒服,认定他是个有风度有雅量的人,而有些人却给人一种斤斤计较的小家子气呢?说白了,就是后者在一些非原则性的问题上太过于较真,即便是不得理也不会忍让,为了面子非要说上点什么,好像不说话忍着就是输了。其实,这样做反倒是输了。

或许在表面上咄咄逼人,气势很强,看起来蛮"威风",可实际上真正内在的气场却没了。那些有影响力、令人佩服和敬仰的人,从来不会与人争论得面红耳赤,他们总是用简短而干练的语言说明自己的观点,始终如一地坚定自己的信念,即便对方恶言出口,他们也不会以牙还牙,而是控制自己的情绪和心态,显示出自己深厚的修养和坦荡的胸襟。这样的人,怎能不令人佩服呢?换句话说,当他们这样做的时候,那个口无遮拦的人,也往往会甘拜下风,因为他被对方的气场震慑住了。仔细想想,是不是这样?

人的一生当中会遇到很多问题,如果你能忍一忍,并学会控制自己的情绪

和心态，以后即使碰到大的问题，自然也就能忍受，也自然能忍到最好的时机再把问题解决，这样才能成就大事业！

20世纪80年代，加拿大前总理特鲁多下野后向邓小平请教复出的"秘诀"，邓小平的答案是"忍耐和信仰"。邓小平就是凭着这个"秘诀"，三次被打倒，三次复出，而且一次比一次获得更大成功，被西方人称为"打不倒的东方小个子"。

忍可以顶得住任何砖石的磨砺，可以经得起任何风雨的冲击。正是这个"忍"字，使一度被打倒的邓小平再度复出，也正是这个"忍"字，教会了加拿大那位前总理人生的秘诀，使他在下野以后又重新焕发了政治生机，重新获得了总理的宝座。

有句话说："事不三思终有悔，人能百忍自无忧。"我们该学会在忍耐中等待，在忍让中原谅。不要觉得忍是没骨气的表现，能忍之人并不是"窝囊废"，两者之间有本质的差别。

善忍的人，只是在小事上忍让，在非原则性的问题上忍让；在他人犯了无心错误的时候忍让；在自己身处弱势的时候忍。与此同时，他们也有一身正气，碰到自己公正有理的事情时，坚定信念，据理力争，以正压邪，不丧失自己的人格，这就是本书开篇时所说的那股"浩然之气"，这是一种正面的气场。"窝囊"的人则不同，他们只是一味地忍让，不管对方是谁，不管遇到什么情况，大事忍，小事忍，没理的时候忍，有理的时候还是忍，这种人的气场是虚弱的，会给人一种扶不起、懦弱无能的感觉。

忍耐是一种意志力。人活于世，做人做事若能"率性而为"，那也就没什么可遗憾的了。可惜，这个世界上有太多不如意的事，有太多我们无法预料的意外，解决这些问题需要的是智慧和耐心，而不是一时的喜恶和脾气。所以，忍耐是一种锻造意志力的品质，一种可贵的、能够体现人格的素养。懂得忍耐的人，才值得他人敬仰和信赖，才能够散发出强大的气场，感染周围的人。与此同时，这种厚积薄发的气势，也会为他们迎来更大的成功。

05. 战胜你的弱点

弗兰克·哈多克是美国新思想运动的代表人物。

1853 年，弗兰克出生在纽约沃特镇。他的父母都是卫理公会教派的牧师。1876 年，弗兰克从圣劳伦斯大学毕业，起初接受牧师训练，后改行做律师。后来，弗兰克移居到威斯康汀，成立了自己的律师事务所。直到他的父亲在爱荷华州的一个城市被暗杀，弗兰克又回到教堂，成为一名真正的牧师。退休之后，弗兰克开始写作和演讲，不停地传播新思想，最终成为一名励志畅销书作家和很有影响力的讲师。

弗兰克认为，意志力是身体的统帅，人的身体是意志力的奴仆。坚强的意志如果成了习惯，就能够让人生到处都充满奇迹。但是，他也说了，意志力需要训练和提升，尤其是要克服那些有害于意志力的弱点。他在自己的经典之作《意志力决定成败》中强调了意志力薄弱的体现，呼吁人们依据道德习惯，摒弃恶习，比如夸张、粗俗的语言、骄傲自满、暴躁、邪恶的想象、放任自己、固执己见、没有立场、自甘堕落等等。他说："如果不能够去战胜并克服这些弱点，我们就不能随时坚定意志，来做一些让我们的人生具备高尚价值的事。"

意志力是人们控制自己的一个重要武器，我们要坚持去做一件事，和坚决不做一件事，都需要依靠意志力。意志力是帮助潜意识和灵魂成长的导师，它可以让你成为一个优秀而具备高尚魅力的人。当然，让意志力发挥这般神奇力量之前，你必须要先战胜自己的弱点。弗兰克·哈多克说得没错，当一个人沾染了上述的那些陋习后，他的气场一定会变得非常糟糕！当人们靠近他的时候，势必会嗅到他身上那股由内而散发出的令人厌恶的"味道"，可能是傲慢，可能是暴躁，也可能是自甘堕落。

时常会听到有些人抱怨外在的环境多么不济，命运多么不公，这些人消极地对待生活，气场都是负面的。事实上，那些东西并不是导致失败的原因。如果

他们进行一下自我反省，查看一下自己的弱点，就会发现，那才是导致自己无法靠近成功的根本原因。因为，弱点稍不留神就可能成为败点。

大家一定还记得莫泊桑的《项链》吧！一个小公务员的妻子，接受了某部长举办的舞会的邀请，因为爱慕虚荣而向好友借了一条项链，并在这次舞会上出尽了风头。但回家之后，她却发现项链丢了。为了赔偿好友的项链，她和丈夫向别人借了一大笔钱，辛苦十年才把债务还清。十年后的一天，她再次遇到那位曾经借给她项链的好友，却意外得知当年自己丢失的项链不过是件赝品。这就是爱慕虚荣酿成的悲剧。

类似于"败给弱点"的情形在现实中比比皆是。楚霸王项羽，一个力拔山兮气盖世的男人，因为刚愎自用，最终败给了自己；千古昏君隋炀帝，性情怀，脾气坏，容易动怒，残暴不仁，这些恶习注定了他的失败；一代奸相严嵩，因为贪鄙而致奸横，成为万人斥骂的罪人；北宋皇帝徽宗赵佶，极尽享乐、浮华侈靡，疏于治国，最终遭遇靖康之难……这些人性的弱点，摧毁了他们的意志力，让他们的气场由强变弱，甚至由正变负。

这个世界上没有完美的人，每个人都或多或少地存在一些人性弱点。问题是，我们常常陷入"当局者迷，旁观者清"的怪圈里，根本意识不到。他们只看到了目标和希望，看到了外在的条件，却忽略了自己的弱点。

苏轼算得上一位修养深厚的文豪，他在经历一段时间的参禅悟道之后，自认为已经得道。苏轼有个非常要好的朋友，那是一位叫做佛印的法师。为了显示自己的禅修功夫和境界，苏轼写了一首诗给佛印法师。诗的最后一句这样写道："八风吹不动，端坐紫金台。"

佛印看过之后，笑而不语。他在诗上批了两个字：放屁。

苏轼本以为自己的诗会得到佛印的赞赏，没想到佛印竟然羞辱自己。苏轼大发雷霆，随即就乘舟过江，准备找佛印理论。可是，刚刚走到佛印法师的庙门口，苏轼就回去了。因为他看到庙门上贴着一副对联："八风吹不动，一屁过江东。"

与佛印相比，苏轼的气场还是差了那么一点。这并不是说佛印法师是个完人，只不过是对于参禅悟道来说，一切了了，全都放下。而苏轼却难以做到这一点，虽然他是一位艺术境界很高、倍受人敬仰的文学大家，却也与常人一样，有着难以克服的人性弱点，那就是爱炫耀，易怒。他未必不知道自己有这些问题，只是他还没能够战胜自己。

人性的弱点，时而显得很可爱，时而又遭人反感，它总是想尽办法欺骗我们，让我们无法看清眼前的事实，看不出简单的本质。人性的弱点，时而会跟我们开开玩笑，让我们虚惊一场，时而又会给我们致命一击，让我们难以站起。想提升自己的意志力，就必须认识自己的弱点，克服弱点，这样才能够不被它牵制。看看那些成功的人，虽然自身也并不完美，但他们通常还是能够克服自己的弱点，至少在关键的时候能够做到这一点，所以他们的气场比别人要强大，他们的人生比别人要辉煌。

弱点不可怕，不能够改变弱点才可怕。弱点不是根深蒂固的，你可以依靠着意志力去剔除它，从而改变自己的命运。想要不被自己打败，那就先从打败自身的弱点开始。当你能够打败自身弱点的时候，你的气场就比过去提升了一大截，因为你打败了世界上最大的敌人，你还有什么不能够做到的呢？

06. 精神上的英雄

荀某是一家食品公司的部门经理，在工作期间，一直为公司的发展与员工的利益着想。在他任部门经理期间，所管理的部门没有一个员工离职，在公司的威望很高。当 2003 年那场非典来临的时候，公司遇到了前所未有的订单危机。订单迅速减少，导致了员工工资的递减，一些员工思想开始涣散。荀某在得知这个消息后，迅速召开了部门会议，一些员工提出了自己的想法，某些人开始想着换工作，某些人开始提出一些改革的措施。荀某将这个问题反映给总部后，得到的却是裁员的通知。

荀某在经过重重考虑后，决定拿出自己的工资用来发放本部门员工的工资。同时，组织自己部门的员工同自己一起出去跑业务，拉订单。经过漫长的努力，功夫不负有心人，上海的一家连锁食品店被荀某的这种精神感染，决定将自己的一部分食品的制作订单交给荀某所在的公司完成。

荀某通过自己的以身作则，与部门员工的努力，终于使快要停滞的企业起死回生。总公司在听到这个消息后，也对荀某的精神大加赞赏。

衡量一个人的气场有多强大，关键看他征服他人的力量有多强大。

缺乏自制力的人，总是无法控制住自己的言行举止和情绪，总是随心所欲。这样的人，难以成就大的事业，因为意志不够坚定，太容易因为外在的变化而改变心态，他们的气场是善变的，起初是坚硬而顽强的，但也许下一秒就变得虚华而浮躁了。

当然，也有与他们截然相反的一些人：遭到了公然的冒犯，可他却只是脸色稍稍发白，却依然平静地做出回复；遇到了巨大的打击，承受着巨大的痛苦，却依然可以控制自己，表现得像平静的湖面；明明生活得很艰难，甚至毫无希望，却依然默默地努力，从不抱怨谋生的辛苦，也不会告诉世人自己的贫困；被人挑衅时，虽然内中万分不甘，却依然可以控制自己并原谅对方……这就是力量，他们就是精神上的英雄。因为他们可以控制自我，获得自由的精神。

试问：还有什么力量比这更强大？还有什么人的气场比他们更有感染力和震撼力？要锻造你的气场，首先就要学会自制，许多名人也都曾这样劝诫过世人。

詹姆士·博尔顿说："少许草率的词语就会点燃一个家庭、一个邻居或一个国家的怒火，而且这样的事情常常发生。半数的诉讼和战争都是因为言语而引起的。"

赫胥黎说："我希望见到这样的人，他年轻的时候接受过很好的训练，非凡的意志力成为他身体的真正主人，应意志力的要求，他的身体乐意尽其所能去做任何事情。他头脑明智，逻辑清晰，他身体的机能和力量就如同机器一样，根据其精神的命令准备随时接受任何工作，无论是编织蛛丝这样的细活还是铸造铁锚这样的体力活。"

曾经有个间谍，被敌人逮捕后，为了求生装聋作哑。敌人用最灵敏的设备来测试他，但他一直装聋作哑。最后，逮捕他的人说："好了，你可以走了。"这个间谍没有显示出一点点听懂了他的话的迹象。他心里知道，最严酷的考验已经过去了，但丝毫没有表露出来。

那些逮捕他的人说："他要么是装得天衣无缝，要么是个真正的白痴。"这个间谍完美的自制能力救了他的命。

我们中的大多数都是平凡之人，可能没有机会遇到类似的情形去考验自己的自制力。但是，我们在生活中，一样能够去培养和训练这种能力。上帝赋予了我们每个人一股神圣的力量，这股力量能够足以克服最坏最糟糕的情绪，足以对抗我们最邪恶的品性。只要我们开发出这种力量，运用起这种力量，我们就会成为一个意志坚定、能够掌控自己的人。

07. 收起糟糕的情绪

欧玛尔，英国历史上唯一留名至今的剑手，他有独属于自己的取胜秘诀。

曾经，有个与欧玛尔势均力敌的敌手，他与欧玛尔斗了三十年，仍然不分胜负。在一次决斗中，那位敌手从马上摔了下来，欧玛尔持剑跳到他身上，一秒钟内就可以杀死他。但此时，对手却做了一件出人意料的事——向欧玛尔的脸上吐了一口唾沫。

欧玛尔停住了，对敌手说："我们明天再打！"敌手有点糊涂。

欧玛尔说："三十年来我一直在修炼自己，让自己不带一点儿怒气作战，所以我才能常胜不败。刚才你吐我的瞬间我动了怒气，如果此时我杀死你，我就再也找不到胜利的感觉了。所以，我们只能明天重新开始。"

不过，这场争斗永远也不会开始了。因为那个敌手从此成了欧玛尔的学生。

　　情绪的感染力就是如此强大，无论是快乐的还是悲伤的，是喜悦的还是愤怒的。欧玛尔的胜利，全在于气场的感染力。他用宽容和忍让控制了愤怒的情绪，这种气场是敌手没有的，所以他甘拜下风，主动认输。

　　很多人无法获得成功，不能成为有影响力的人，不是因为他们缺少机会，也不是因为资历浅薄，而是他们无法控制自己的情绪，尤其是糟糕的情绪。愤怒的时候，如果遏制不住，就会让周围的气场变得沉重，让合作者们望而却步；消沉的时候，如果放纵自己的萎靡，周围的气场也会随之而变得消极，很多机会都会从指缝中溜走。可以说，失败和困扰不是外界环境导致的，而是我们自己不懂得控制情绪，太过放任了。

　　由内而发的宏大气场，是以良好的心态和意志力作为支撑的。看看那些有修养和教养的、令人瞩目的人物，他们和普通人没什么两样，也会有各种情绪，只是他们善于控制，能够将行动和理智结合起来。那些不懂得控制情绪的人，不仅不能让自己具备良好的感染力，还可能被他人利用，成为一种斗争工具。三国时期的诸葛亮，非常善于通过调控对手的情绪来调动对方、战胜对方。众所周知，周瑜是个气量狭小，不善于控制情绪的人，结果活活地被诸葛亮气死了。

　　不要让别人的情绪牵动自己，当别人发怒的时候，你不能够随之而怒。要知道那正是你应当平和的时候。芝加哥第一国家银行董事会会长维特摩亚说："如果某人发怒，我总觉得对于我自己的地位反而有帮助。"如果你想要发怒的时候，便先想想这种爆发会发生什么影响。如果你晓得发怒必定会有损于你自己的利益，那么最好约束你自己。无论这种自制是怎样的吃力。

　　古时候有个人，每次和人发生争执的时候，都会跑回家绕着自己的房子和土地跑圈，累了就坐下来休息。这个人很勤劳，后来又做了生意，房子越来越大啊，土地也越来越多。可是，不管房地多大，每次他动怒的时候，都会绕着房子和土地跑上三圈。

　　周围的人都觉得他很奇怪，但每次问起他跑圈的原因，他都避而不答。

　　等到他七十岁的时候，他的房子和土地已经很大了，可他生气的时候还是会拄着拐杖绕房子和地走三圈。有时候，等他走完了天都已经黑了。

孙子看到爷爷的举动，便恳求他："爷爷，您的岁数打了，别再像以前那样了。我一直想问，您为什么每次一生气都要跑三圈呢？有什么用呢？"

他经不起孙子的恳求，便说出了藏在心中多年的秘密："年轻的时候，我每次和人争吵、生气的时候，都会绕着房地跑三圈，一边跑一边想，我的房子和土地这么小，哪有时间和资格去与人生气呢？一想到这些，我的气就消了。然后，我就把时间用来努力工作。"

孙子又问了："您现在年纪大了，也已经很富有了，为什么还要绕房地跑呢？"

他笑着说："现在我还是会生气啊！每次跑圈的时候，我就想，我这么多房子，这么大的土地，我何必跟人计较呢？想到这些，我就不生气了。"

每个人都会有坏情绪爆发的时候，如果不懂得收起，任由坏情绪蔓延，那么所有人都会对你避而远之。在社会里生存，控制情绪是很重要的一件事。你不必"喜怒不形于色"，让人觉得你阴沉不可捉摸。但情绪的表现绝不能过度，尤其是哭和生气。如果你是个不易控制情绪的人，不如在你觉得控制不住自己的情绪时，赶快离开现场。等情绪平定了再回来。如果一时不方便难以脱身，那就不要再说话，作一作深呼吸。这一招对平复情绪特别有效。

当然，这不是说，一个人永远都不可以发怒。发怒也该选对时机，因为愤怒有时候在人生中也有很高的价值，用得好也能帮你提升气场。

铁路大王喜尔先生发怒的时候，一切的人都要躲避。他忍受不了那些无能的人；庸碌之徒必须躲开他。对于无能的人，包括懒惰的、无头脑的、特别是不可信任的，他的愤怒时常发出来。这些人在他狂风来临之前都各自赶紧躲避，于是他便安静下来。他对于努力的人，非常温和亲近；他们总遇不着他那愤怒的狂风，总不会听见他说一句粗语。

总之，当你发怒的时候记住这个原则：你要做一件有目的的事。不可压制一切行为，因为压迫反而增加紧张，会令人受不了的。你是要做一件事，不过这件事必须要有价值。约束愤怒并不是压迫愤怒，而是把愤怒导引为一种行动，以增进自己的事业。如果你可以恰当地掌握你的情绪，那么你将在别人心目中产生一种"沉稳、令人信赖"的形象，这就是最强大的感染力。

※ 第 11 章　集聚悦服众人的声望 ※

个人声望,是个人魅力的一方面,也是造就统驭力的关键。个人魅力和气场算不上是权力,但它却比权力更胜一筹。如果你渴望自己能够服众,树立领导的威望,那么你的内外气场就该是一致的。只有严格要求自己,在言行上起到表率作用,才有鼓动性和号召力。正所谓:己欲立而立人,己欲达而达人。

01. 声望的价值

最近看《三国演义》,发现一种很重要的问题,为什么那么多的将领愿意跟随刘备?

许多人都不喜欢刘备,说他虚伪;更有人说,不懂如此窝囊的一个人怎么那么多能人愿意跟随他。

刘备以仁义当先,这是他人格中很有魅力的一点。曹操说过,为什么刘备能得到那么多好将领,我却没有这福气呢?曹操多疑,人尽皆知,在一个混乱的战争年代,留在一个多疑的人身边,你永远有种隔着心的感觉。而刘备待人真诚、重感情,这从他待吕布就能看出,换曹操,吕布早死掉几回了。

曹操起兵的导火线是因为其父被杀,曹操为逃脱董卓的追杀遂而起兵,而且很早就心怀改朝换代的野心。而刘备起兵的动机很单纯,可以说只为仁义而战。董卓乱朝纲，挟持天子导致天下诸侯汇集讨伐，当所有的诸侯都为争夺地盘与粮草而争执不休时，刘备却带领关羽与张飞在城门外大战吕布。后来，袁术擅自称帝，天子下诏剿贼，曹操正愁没人应诏前来，刘备又来了，令曹操意外。刘备再一次为正义而战。曹操说自己的名言是"宁愿我负天下人，不愿天下人负我。"刘备反其道说"宁愿天下人负我，我不负天下人。"两人的心思可见一斑。

刘备的声望也是在一次次的正义之举中得到了声张与提升。当时天下虽乱，但生活在底层的劳苦人民还是盼着仁义、信道德，刘备恰恰这一点符合很多人的理想。加上刘备皇家的血统，更加具有说服力。一个正统人，愿意行仁义，为天下百姓请命，当然是很有前途的。

一个人要在社会中生存发展，他的声望名誉是非常重要的。好的声望名誉不仅可以给一个人带来崇高的地位，它还可以给人带来众多的朋友和众人的仰慕与信任，使人愿意与你合作。古语道："得道多助，失道寡助。"声望好的人自然就是得道者，他们能够获得众人的帮助也就顺理成章。有了良好的声望，你在广阔的社会舞台上会如鱼得水、游刃有余，纵使偶遇挫折，也会峰回路转，逢凶化吉，遇难呈祥。

个人声望，是个人魅力的一方面，也是造就统驭力的关键。严格来说，个人魅力和气场算不上是权力，但它却比权力更胜一筹。作为一个领导者，你掌握的权力只能够在企业内部实施，它存在一个有效范围，但是个人魅力和气场却不同，它在企业内外都可以产生巨大的影响力。一个善于运用个人魅力和气场树立自己地位的领导者，他的地位往往是非常坚固的，因为个人魅力能够让他得到众人的拥护和爱戴。古人早就说过"得民心者得天下"，用在这上面也不为过。

既然个人魅力的作用这么大，那么如何塑造个人魅力，进而提高个人的声望呢？众多领导者的成功经验给我们提供了参考：中国的传统教育非常重视"仁、义、礼、智、信"，而人们也常常以此作为评判一个人的标准。一个人的言行如果按这个要求去做，那么他就可以有一个好的声望，否则他可能会臭

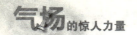

名远扬。

声望对于任何人而言都是无形的资产，而这个无形的资产远远要比实际财富重要。个人声望可以为人们带来经济利益、员工的服从、社会的尊重，同时人们也可以凭借个人声望获得和维持领导地位。个人声望不容易获得，如果得到就要珍惜，一旦失去就很难再找回来。因此，我们必须从一点一滴做起，提高自己的个人声望，提升自己的气场，成为一个有影响力的人。

02. 把握"关键时刻"

马萨诸塞州的州长安德鲁在 1861 年 3 月 3 日给林肯的信中写道："我们接到你们的宣言后，就马上开战，尽我们的所能，全力以赴。我们相信这样做是美国和美国人民的意愿，我们完全废弃了所有的繁文缛节。"

1861 年 4 月 15 日那天是星期一，他在上午收到军队从华盛顿发来的电报，在第二个星期天上午九点钟他作了这样的记录："所有要求从马萨诸塞出动的兵力已经驻扎在华盛顿与门罗要塞附近，或者正在去往保卫首都的路上。"

安德鲁州长说："我的第一个问题是采取什么行动，如果这个问题得到回答，第二个问题就是下一步该干什么。"

安德鲁的气场是坚定而强大的。不管面对什么问题，他的回答都没有一丝犹豫，而是果断又坚决；至于要什么时候开始行动，安德鲁的回答永远都是"立刻"，绝不拖延。作为一名州长，如果安德鲁没有这样的行事风格，恐怕他也不会如此受人尊崇。

英国社会改革家乔治·罗斯金说："从根本上说，人生的整个青年阶段，是一个人个性成型、沉思默想和希望受到指引的阶段。青年阶段无时无刻不受到命运的摆布——某个时刻一旦过去，指定的工作就永远无法完成，或者说如果没有趁热打铁,某种任务也许永远都无法完成。"

人生中很多事情的发展,都取决于某个关键时刻,当这个时刻到来的时候,一旦犹豫不决或退缩不前,机遇就会失之交臂,再也不会重新出现。特别是对于领导者来说,想树立自己的威望,就必须有果敢的行动,决不能在气势上软弱。当你露出一副畏畏缩缩的样子时,你还想要别人如何追随你?

拿破仑非常重视"黄金时间",他知道,每场战役都有"关键时刻",把握住这一时刻意味着战争的胜利,稍有犹豫就会导致灾难性的结局。拿破仑说:"之所以能打败奥地利军队,是因为奥地利人不懂得五分钟的价值。"

因为抓住了"关键时刻",果敢地做出了决定,所以拿破仑改变了成千上万人的命运,他得到了众人的敬仰和无与伦比的声望。如果他当时犹豫了,没有抓住那五分钟的价值,历史恐怕就要改写了。

时间经不起蹉跎,很多事情也经不起等待。无论夏天有多长,也无法使春天被耽搁的事情得以完成。某颗星的运转即使仅仅晚了一秒,它也会使整个宇宙陷入混乱,后果不可收拾。一个气场强大的领导者,做事绝不能前怕狼后怕虎,一定要抓住关键时刻,做出决定。有些事情总是因为拖得时间太久,导致做事态度变得勉强。与其费尽心思地考虑今天的任务是否可以完成,还不如千方百计地用这些精力把它做完。在心情愉快或热情高涨时可以完成的工作,被推迟几天或几个星期后,就会变成苦不堪言的负担。当机立断常常可以避免做事情的乏味和无趣,拖延则通常意味着逃避,其结果往往就是不了了之。如果领导者经常犯"拖延"和"逃避"的错误,那他必定无法服众。

任何时候都可以做的事情往往永远都不会有时间去做。就像爱尔兰女作家玛丽·埃及奇沃斯说得那样:"没有任何时刻像现在这样重要。不仅如此,没有现在这一刻,任何时间都不会存在。没有任何一种力量或能量不是在现在这一刻发挥着作用。如果一个人没有趁着热情高昂的时候采取果断的行动,以后他就再也没有实现这些愿望的可能了。所有的希望都会被消磨,都会被淹没在日常生活的琐碎忙碌中,或者会在懒散消沉中流逝。"

罗杰有个朋友是企管顾问,几年前他要搬新家,决定请一个女性朋友帮他

做庭院设计。这个设计师是园艺学博士,学问好又聪明。

这个主人自己有很多构想,因为他很忙,又经常远行,所以一再向女设计师强调,庭园的设计一定要让他不用经常维护,自动混水装置等省力的设计更是非常关键。总之,他一直设法减少需要花在维护庭园上的时间。

最后女设计师忍不住对他说:"我懂你的意思。但有个道理你应该事先明白,没有园丁,就不可能有花园。"

想干大事,首先要学会绕过琐碎小事,要抓住关键,也就要是找出人生中最重要的花草,全力去栽培。想锻造个人的强大的气场,那就必须学会抓住关键时刻,做出最重要的决定。记住:你的声望,取决于你的行动!

03. 行动是最有力的语言

有一个人,从确立了他的目标开始,时刻记得行动才是第一位的。这个人是美国海岸警卫队的一名厨师。空余时间,他代同事们写情书,写了一段时间以后,他觉得自己突然爱上了写作。于是他给自己订了一个目标:用两年到三年的时间写一本长篇小说。

为了实现这个目标,他立刻行动起来。每天晚上,大家都去娱乐了,他却躲在屋子里不停地写啊写。这样整整写了很长时间,他终于第一次在杂志上见到了自己的作品,可这只是一个小小的豆腐块而已,稿酬也少得可怜。但他没有灰心,而是从中看到了自己的潜能。

从美国海岸警卫队退休以后,他仍然写个不停。虽然稿费没有多少,欠款却越来越多了,有时候,他甚至没有买一个面包的钱。尽管如此,他仍然锲而不舍地写着。朋友们见他实在太贫穷了,就给他介绍了一份到政府部门工作的差事。可他却拒绝了,他说:"我要做一个作家,我必须不停地写作。"

又经过了几年的努力,他终于写出了预想的那本书。为了这本书,他花费了整整12年的时间,忍受了常人难以承受的艰难困苦。因为不停地写,他的手指已经变形,他的视力也下降了许多。

最终,他成功了。小说出版后立刻引起了巨大轰动,仅在美国就发行了60万册精装本和370万册平装本。这部小说还被改编成电视连续剧,观众超过了1.3亿人次,创电视收视率历史最高记录。这位真正的作家获得了普利策奖,收入一下子超过500万美元。

这位作家的名字叫哈里,他的成名作就是我们今天经常读到的《根》。哈里说:"取得成功的唯一途径就是'立刻行动',努力工作,并且对自己的目标深信不疑。世上并没有什么神奇的魔法可以将你一举推上成功之巅,你必须有理想和信心,遇到艰难险阻必须设法克服它。"

如果你对一个人说:"我要写一部小说。"第一次或许他会相信你。但是,一年之后,你再次对他说:"我要写一部小说。"他就会有所怀疑,怀疑你是否有这个能力。等到三年之后,你再次对他说这样的话,他根本就不会相信你,甚至觉得你只是说说而已。一个人的声望是如何得来的?我们暂且不谈声望,只谈最基本的信任和欣赏,它们是从哪里来的?行动!

哈里确定了自己的目标之后,从未向任何人说起,而是坚持不懈地去努力,去实践。在行动中,他所做的一切就已经让一些人为之震撼,当行动给他带来成功之后,人们也自然会对他伸出大拇指,在心中为他留有一份尊重和赞叹。行动是这个世界上最有力的语言,积极的行动和消极的行动足以彰显一个人的气场,这种东西不必解释,任何人都可以看得到。

行动是一个敢于改变自我、拯救自我的标志,是一个人能力有多大的证明。所有的空想,所有的宣言,如果没有行动作为延续,就都是虚无缥缈的,因为没有任何实际的东西。就像美国著名成功学大师杰弗逊说得那样:"一次行动足以显示一个人的弱点和优点是什么,能够及时提醒此人找到人生的突破口。"毫无疑问,那些成大事者都是勤于行动和巧妙行动的大师,他们总是用行动来证明和兑现自己曾经的心动,他们都是用行动来证明自己的价值。

斯通充当美国全国国际销售执行委员会七个执行委员之一时,曾作为该

会的代表走访了亚洲和太平洋地区。

在某个星期二，斯通给澳大利亚东南部墨尔本城的一些商业工作人员做了一次鼓励立志的谈话。到下星期四的晚上，斯通接到一个电话，是一家出售金属柜公司的经理意斯特打来的。

意斯特很激动地说："发生一件令人吃惊的事！你会同我现在一样感到振奋的！"

"把这件事告诉我吧！发生了什么事？"

"我的主要确定目标是把今年的销售额翻一番。令人吃惊的是：我竟在48小时之内达到了这个目标。"

"你是怎样达到这个目标的呢？你怎样把你的收入翻一番的呢？"斯通问意斯特。

意斯特答道："你在谈话中讲到你的推销员亚兰在同一个街区兜售保险单失败而又成功的故事，我记住你给我们的自我激励警句：立刻行动！我就去看我的一些记录，分析了10笔死账。我准备提前兑现这些账，这在先前可能是一件相当棘手的事。我重复了'立即行动！'我怀着积极的心态去访问这10个客户，结果做了8笔大买卖！"

行动的最好方法，就是要马上去做，立刻去做，不论从哪个角度看，这都是一句真理。也许你早已经为自己的未来勾画了一个美好的蓝图，但是它同时也给你带来烦恼，你感到自己迟迟不能将计划付诸实施，你总是在寻找更好的机会，或者常常对自己说：留着明天再做。这种犹犹豫豫的态度将极大地影响你的做事效率。要获得成功，必须立刻开始行动。任何一个伟大的计划，如果不去行动，就像只有设计图纸而没有盖起来的房子一样，只能是一个空中楼阁。

看看那些气场强大而积极的人，他们往往都是实干家。有了想法，就马上给自己定制行动的计划，然后开始实践。他们从来都不终日幻想着会有什么样的结果，也从不担心失败了会如何，更不会向外人宣扬自己即将开展一个伟大的计划。他们知道，任何东西都无法替代脚踏实地的行动。有了积极的行动，自然会有好的结果；有了积极的行动，就能够克服万难直至成功；有了积极的行动，任何人都会看得到自己的努力和付出，自然会产生信服感。行动，就是最好的证明。

据说，在美国一个小城的广场上，塑着一个老人的铜像。他既不是什么名人，也没有任何辉煌的业绩和惊人的举动。他只是该城一个餐馆端菜送水的普通服务员。但他对客人无微不至的服务，令人们永生难忘。他是一个聋子，他一生从没有说过一句表白的话，也没有听过一句赞美之辞，他只能凭"行动"二字，使平凡的人生永垂不朽！既然如此，你还有什么理由坐等呢？

04. 以身作则的影响力

一次，曹操亲自率军去打仗。当时，正值小麦快成熟的季节，曹操骑在马背上望着金黄色的麦田，心情大好。

曹操骑在马上边走边琢磨着问题，突然间路旁的草丛里有几只野鸡从马头上飞过。毫无防备的马受到了惊吓，嘶叫着狂奔起来，带着曹操跑进了附近的麦田里。等到曹操勒住了惊马时，地里的麦子已经被踩倒了一大片。

看到眼前的一切，曹操连忙叫来执法官，认真地说："今天，我的马破坏了庄稼。这违反了军纪，你按照军法给我治罪吧！"

执法官有些为难。按照曹操制定的军纪，破坏庄稼可是死罪。但曹操是主帅，军纪也是他制定的，这可怎么治罪呀？想了一会儿之后，执法官对曹操说："依照古制，刑不上大夫，所以您不必领罪。"

曹操说："这怎么能行呢？如果大夫以上的高官犯了罪都可以不治罪，那么法令还有什么用呢？何况，糟蹋了庄稼要治死罪，这条军令是我下的。如果我都不执行，那么今后如何让将士们执行呢？"

执法官迟疑了一下说："丞相，您的马是因为受到了惊吓，所以才冲进了田

地。这不是您故意要糟蹋庄稼的，所以……"

"不行！军令如山，不管是故意还是无意，如果大家违反了军纪，都找借口为自己开脱，那军令就成了摆设。每个人都得遵守军纪，我也不例外。"曹操反驳道。

执法官有些不知所措了，他想了半天说道："您是全军的主帅，如果真的治罪，那么谁来指挥打仗呢？况且，朝廷需要丞相，百姓也需要您啊！"众将领听到执法官这样说道，也都纷纷上前哀求，请求曹操不要处罚自己。

见此情形，曹操沉思了一会儿说，说："我是主帅，治死罪虽然有些不适宜，但我也是触犯了军纪，还是要按军令从事。现在，我就用头发来代替脑袋吧！"说完，便用宝剑割下了自己的一把头发。

曹操的一举一动被众将领看在眼里，他能够如此坚决地执行军令，不为自己开脱，这种以身作则的行为，显然是最好的"服众"武器。以身作则，本身就是一种强大的影响力，而以身作则的领导，通常也都有着强大的气场。在这种气场的作用下，下属也必将会踏实地服从命令，做事更加努力，让整个团队具备强大的执行力。

有人说，下属看到你的心动，就会明白你对他们的要求。的确，这就是气场的感染力。要让人跟着你转，你就必须能够吸引对方，并且比他们转得更快。领导者的声望是怎么来的？那就是敢为人先，激发下属的热情和活力。如果你的气场都是畏首畏尾，踌躇不前的，那么后面跟着你的那些人，也一定会精神不振。不能够以身作则，就无法带动整个团队严格地要求自己；自己的气场不够积极，就无法让周围的气场都变得积极活跃。别忘了，无论是积极的还是消极的气场，都有传染的作用。

气场最糟糕的领导莫过于这样：在台上说得唾沫横飞，讲得振振有词，拼命地为下属鼓劲儿。起初给人们的感觉是很有干劲，是一个有抱负能够带领团队向前冲的领导者，可接下来他们的行动却把自己"出卖"了。他们的行动与自己当初说得大相径庭，要求别人做的事情，自己从来没有身体力行的做过，可谓是说一套做一套。慢慢地，他们的气场就变了，带着一点虚伪的味道，让人骤生反感。

如果你渴望自己能够服众，树立领导的威望，那么你的内外气场就该是一致的。一定要严格地要求自己，起表率作用，这样才有鼓动性和号召力。更何况，己欲立而立人，己欲达而达人。只有自己愿意做的事，才能要求别人也去做；只有自己能够做到的事，才能要求别人也去做到。

艾森豪威尔是美国第 34 任总统，这个和蔼可亲、笑容可掬的人，受到了全美国人民的爱戴，他外表憨厚，实际上却是大智若愚。

1944 年，艾森豪威尔担任欧洲战区盟军的最高统帅，周旋在丘吉尔和罗斯福之间。后来，他巧妙地运用手腕让英军和美军结成联盟，组合了一支英勇的军团，最终打败了强敌，成为二战中最伟大的英雄。艾森豪威尔领导的百万大军，士气旺盛，作战勇猛，而这一切全在于他的秘诀——以身作则。

一次，在众人谈到领导统帅的问题时，艾森豪威尔拿了一根绳子放在桌上。他用手推绳子，绳子没有动；接着他用手拉绳子，绳子动了。他说："领导就该如此，不能够推，而是首先要用自己的行动来拉动大家。"

他为人宽厚仁慈，处事公正严明，而且说话很幽默，时常用自嘲的方式来鼓舞他人。二战期间，他到前线视察，为了鼓舞士气便对官兵们演说。不巧，天下了大雨，讲完话的艾森豪威尔不小心摔了一跤，惹得官兵们大笑。这时候，身旁的指挥官扶起他，并对官兵的无礼嘲笑表示道歉。可是，艾森豪威尔并不生气，他小声地对指挥官说："没什么，这一跤比刚才的演说更能鼓舞士气。"

二战后期，美军伤亡惨烈，当时血液供给不足，国家鼓励人们献血。这时候，艾森豪威尔没有多说什么"鼓励"的话，而是以以身作则来响应这一号召。一位士兵看到了他献血的情形，便走过去说："将军，我多么希望能够输进您的血。"

还有一次，艾森豪威尔参加一个聚会。会中有六位贵宾被邀请演说，艾森豪威尔也是其中之一，只不过他被安排到最后。轮到他上台的时候，已经很晚了，听众们早已昏昏欲睡，没有心思听了。这时候，艾森豪威尔笑着说："演说总

得有个句号，我现在就来当这个句号吧！"他的演讲词是最短的，只有这两句话，可却赢得了最热烈的掌声。

领导者的声望和气场是什么样的？我想不必再解释，看到艾森豪威尔的言谈举止，你一定可以感受得到。领导的言传身教就是一个导向和示范，是无声无形的，却是最能够凝聚人心、化解矛盾、鼓舞士气、催人奋进的力量。要锻造你的影响力，集聚悦服众人的声望，就从以身作则开始吧！

05. 犹豫是气场的天敌

亚默尔是美国的实业家，他就是个果敢的人，而这种说干就干的性子，也着实将他推向了成功。那天，亚默尔和往常一样，坐在办公室里看报纸。突然间，他发现了一条非常重要的时讯：墨西哥可能发生了猪瘟。亚默尔随即便想到：如果墨西哥出现了猪瘟，那么加利福尼亚和得克萨斯州必然会受到影响，一旦这两个地方出现疫情，肉价一定会飞速上涨，因为这两个州是美国肉食生产的主要基地。

亚默尔没有犹豫，连忙让他的私人医生到墨西哥进行调查。果然，墨西哥真的出现了瘟疫。亚默尔连忙筹集资金，大量收购得克萨斯州和佛罗里达州的生猪和肉牛，并将其运送到美国东部的几个州。事情正如亚默尔所预料的那般，瘟疫很快就蔓延到了美国西部的几个州，美国政府下令禁止这几个州的生猪和肉牛外销，必须就地销毁。一时间，美国国内市场的肉类产品紧缺，价格飙升，亚默尔抓住了这个时机发了一笔大财。

世界上有很多像亚默尔一样成功的人，他们并不一定比别人"会"做，只是很多时候他们"敢"做。他们做事从不迟疑不定，而是果敢地采取行动，并做好承担一切结果的代价，这种气场会给他们带来好运，带来成功。

世间最可怜的，是那些做事举棋不定，犹豫不决、不知所措的人，是那些自己没有主意，不能抉择的人。若是一个领导者有了类似的缺点，就很难得到下属的信任，他意志不坚难以成为一个好的决策者，甚至让下属看得有些"憋屈"，这样的领导者声望不会太强，也很难带领团队获得成功。因为他的优柔寡断，让他不敢决定那些重要的事，他拿不准决定的结果是好还是坏，是凶还是吉。生活中有很多这样的例子，某个领导者本身能力很强，人格也好，但就是因为优柔寡断使团队和自己错失了许多好机会。反观那些决断的领导者，即使会犯些错误，也不会给事业带来致命打击，因为他们对事业的推动，总比那些胆小狐疑的人敏捷得多。当他们的决断为团队争取到利益的时候，他就形成了一股气场，坚决和必胜的气场，这种气场的存在自然会让他的声望和威严得到提升。

谁都知道，领导者的决策关乎整个企业的命运，也关乎着下属的发展。我们在前面提到过，要留意你周围的气场，在一个积极的大环境中，每个人都能够被注入一股力量。领导者的职责之一，就是营造一个良好的氛围，而要做到这些，首先他自己的气场必须是积极的，正面的，强大的，足够有影响力的。有些领导缺少的正是这一点，面对一些重大的抉择时，他们总是犹豫不决，不知道下一步该怎么走，生怕会犯错，付出巨大的代价。

实际上，过多的犹豫才会导致更彻底的失败。我们大概都听过"断尾求生"的故事：遭遇敌害的时候，壁虎通常会弄断自己的尾巴，让那条断尾继续跳动，分散敌人的注意力，以便让自己逃脱。如果它犹豫不决的话，那么最终的结果就不是少了条尾巴，很可能是送了命。况且，少了尾巴也没关系，不久之后它还会再长出来。美国奇异公司的前 CEO 威尔逊，曾经做过一个"断尾求生"的决定：许多业绩不佳，名次排在业界前两名以外的事业部门关闭。同样，某家美国银行把七百多亿元的不良资产出售给资产管理公司。当他们做出选择和放弃时，都是痛苦的，但是为了整体的利益，经营者必须当机立断，拿出勇气和魄力做出果断的决定，才会有机会重新开始，获得新生！果断，决绝，这就是一种气场！

当恺撒率领他的军队在英国登陆时，他决意不给自己的部下留任何退路。

他要让他的军士们明白，此次进攻英国，不是战胜，就是战死。为此，他当着士兵的面，把所有的船只都焚烧殆尽。拿破仑也一样，他能摒除一切会引起冲突的顾虑，具有在一瞬之间下最后决定的能力。

作为领导者，如果没有坚决果断的行事风格，就会给人一种懦弱无能的气场。这样的领导在下属心中的印象会大打折扣，其威望也不会太强。做出决策是需要勇气的，当信息完全准确的时候，领导者做决定很容易；当信息难以得到时，能否果断地作出决定才是考验领导能力的时候。这时候，一双双眼睛都在盯着你，等你作出一个决定，你是众人的焦点。如果你表现出一副犹豫不决的样子，那么你的气场就透露出一种恐惧和担忧，令下属看不起。如果你还在犹豫，坐失良机，你想过结果吗？

要知道，没有人会尊敬或跟随一个胆小怕事的领导，在关键时刻不能作出英明的决断，那么你日后的影响力和感召力都会受到影响，它们的效果会强于你平日里长期的外在表现。如果恰巧你平日里是个气场十足，一到关键时刻却疲软下来的人，那么这个反差只能让人讥笑。所以，果断坚决，勇敢当先，这是权衡影响力的一个重要因素，能够帮你赢得下属的信赖和赞赏，能够帮你提升外在的气场！

你一定会问：如何才能够当机立断呢？这就需要你在行动前做好准备，尽快收集各种信息，快速形成一个较为成熟的想法，知道如何去做。这个准备的时间不宜过长，否则就会错失良机。心中有数，明确了方向，接下来就要付诸行动，马不停蹄地去做。如果凡事都能延续这样的思路和方法，那你就会胸有成竹，一步一步地走向成功。

06. 无声的力量

战国时期，秦昭襄王在位已36年。但国家军政权力依然掌握在母亲宣太后和叔叔穰侯手中，使得昭襄王无法独立执政，实行变革。范雎就是在这时到达秦国的。他先给昭襄王上疏，说自己有办法使秦国强大，还暗示了如何处理昭襄王与宣太后及穰侯的关键问题。

昭襄王看了范雎的上疏后决定召见范雎。到了召见那天，范雎故意事先在接见的地点四处闲逛。昭襄王驾到时，侍臣看到有人在附近闲逛，便道："大王驾到，回避！"

范雎这时故意提高声音说道："秦国哪有什么大王，只有宣太后和穰侯而已！"这话正好击中了昭襄王积压在心中许久的心病。他有些不安地接见范雎，对他说："早该拜见先生的，只是政务烦心，每天要去请示太后，所以拖到现在。我生性愚钝，请先生不要客气，多加教诲。"

但范雎一言不发，若无其事地向四周顾盼着。

大厅内静悄悄的，气氛十分凝重。左右群臣们都有些不安地看着事态的发展。昭襄王猜想可能是由于众臣在场，范雎有所不便，就遣退众臣，但范雎仍然一言不发。昭襄王于是又问道："先生有什么赐教于我？"

范雎开了口，说："是，是。"停了一会儿，秦王又一次请教，范雎仍只是说："是。是。"停了一会儿，如此重复了好几次。

后来，昭襄王长跪不起，说："先生不肯指教我吗？至少也该解释一下为什么一言不发的理由吧！"

这时，范雎才拜谢道："不敢如此。"于是滔滔不绝地谈下去。他谈的主要内容即是著名的"远交近攻"策略，同时也谈及太后、穰侯等人独断专权，架空昭襄王一事。并提出应对策略。

　　秦昭襄王听了范雎的话后十分赞赏，马上任命他为顾问。几年后，又让范雎做了秦国宰相。后来他对范雎说："过去齐桓公得到管仲，时人称他为'仲父'。现在我得拜您，也要称您为'父'！"

　　范雎别出心裁的做事方法确有其妙不可言的独特效力。沉默使昭襄王屏退了众臣，也使昭襄王能怀着一种惊异而专注的心情来倾听范雎的意见，并加重了对他的敬重之意。沉默是一种无形的力量，它不是一味地不说话，而是一种成竹在胸、沉着冷静的气场，它能够在神态和气势上压倒对方。恰当地运用沉默，往往令对方招架不住，自乱阵脚，从而露出庐山真面目。厚黑学主张，上帝给了我们一张嘴两只耳朵，目的就是让我们明白耳朵的作用比嘴巴大，听比说更为重要。在特定的场合中，少说乃至不说、保持沉默，常常比喋喋不休地论理更有说服力。

　　沉默是一种无声的语言，中国有一句古话叫做："于无声处听惊雷。"有时候，沉默可以变得很犀利。我们大都会经历这样的场景：你在和别人讨论、争执，当别人感到乏味时，会不理会你的语言，拿起桌上的报纸或其他什么，随便翻阅起来，以此作为回应。但恰恰是这种沉默式的回击，往往会让你感到十分难受。这就是沉默的"犀利"之处。不要试图借助言语驱使他人做你希望的事，他们只会因为你的怪癖而反对你，毁灭你的愿望；在人生绝大部分的领域内，你说得越少，就越显得神秘。当你学会闭上嘴巴的时候，实际上更有机会拥有权力。

　　托马斯·阿尔瓦·爱迪生发明了自动发报机之后，他想卖掉此发明以及制造技术来建一个实验室。因不熟悉行情，不知道能卖多少钱。爱迪生与夫人商量之后，夫人说："两万元吧，刚好能建一个实验室。"爱迪生心想："两万元，会不会卖不掉呢？"在与商人洽谈时，商人问到价钱。爱迪生认为要两万美元太高了，不好意思说出口，便平静地坐在那里估量着应不应该降些钱。沉默了好久，最后商人终于耐不住了，说："那我先开个价吧，10万美元，你看怎么样？"爱迪生的一次沉默，便多得了4倍的好价钱。

　　长时间的沉默会给人造成很大的心理压力，人生性都是排斥黑暗与沉默的,这会让人感到没有依靠,因此而沉不住气。另外,沉默还可以引起对方的注意,使对方产生迫切想了解你的念头,因为沉默有种"神秘"的意味。在重大谈判中运用的沉默,表现出的气场和对抗力,远比唇枪舌战的争论更有震慑力和说服力。

话多不如话少,话少不如话好。多言的人气场往往是浮躁的,因为口头上慷慨的人行动总是吝啬的。在适当的时候,保持沉默,你的力量大过于千军万马。

❖ 第 12 章　渲染磁性的亲和感 ❖

情感的号召力是一种气场，在它面前，就算是坚冰也一样能被融化。要锻造强大的感染力，很好地说服别人与你站在同一战线，那么在人们感到失意或是反抗、或是需要花费金钱和付出努力的时候，用情感去打动他们吧，这种力量会让他们与你的想法同步。

01. 不要小瞧"说"

古时候，有个人邀请朋友来家中做客。宴席早已摆好，已经时近中午却还有几人迟迟未到。主人自言自语地说："该来的怎么还没来？"

有的人听到这话也没多想就继续和旁人说笑聊天，而有些爱琢磨的客人心想："该来的还不来，那么我是不该来的了？"于是起身告辞而去。

这个人很后悔自己说的话，连忙解释说："不该走的怎么走了？"

话音刚落，其他的客人心想："不该走的走了，看来我是该走的了！"于是，又有一些人也纷纷起身离席告别，最后只剩下一位多年的好友。

好友责怪他说："你看你，真不会说话，把客人都气走了。"

那人正感到委屈，就辩解说："我说的不是他们。"

好友一听这话，顿时心头火起："不是他们！那只有是我了！"于是长叹一口气，拂袖而去。

一个人受不受欢迎，周身散发的气场有没有吸引力，与他的言谈密不可分。话说得好，小则可以欢乐，大则可以兴国；反之，话说得不好，小则可以招怨，大则可以坏事。宴请宾客原本是一件其乐融融的好事，到最后却因为主人不会"说话"，让整个宴会充满了怨气、怒气、埋怨和委屈，实在是得不偿失。

一个人的言谈，决定了他的气场。这一点，毋庸置疑。孔子在《论语·季氏篇》里说："言未及之而言谓之躁，言及之而不言谓之隐，不见颜色而言谓之瞽。"这就是说：不该说话的时候你说话了，这就是急躁；该说话的时候却闭嘴不言，这就是隐瞒；不看对方的脸色就贸然开口，这就是睁着眼睛说瞎话。仔细想想，的确如此。一个人的说话方式，能够反映出他的性格特点，也直接决定了他在别人面前的印象。换句话说，如果你会说话，懂得说话的艺术，那么你的气场就是充满吸引力的；相反，如果你总是不会见机行事，说错话，那么你的气场就是"带刺"的，总是让人想要避而远之。

回忆一下你周围的那些人，你一定会发现这样的事：那些口吐莲花、见什么人说什么话、幽默风趣的人，在人群中总能够成为焦点。他们可能其貌不扬，但他们却能够赢得很多人的青睐，无论是上司、同事、下属，还是异性伙伴；他们可能没有显赫的家世背景，却能够游刃职场，或是闯出自己的一番事业。其实，这一切都只是因为他的气场是积极向上的，总能够给人带来快乐和轻松的感受，这是他最大的个人魅力。

每个人都不是孤立存在的，都免不了要和他人进行沟通交流。无论是古代还是现代，口才都是开发潜能、驾驭生活、改善人生、追求事业成功的工具。那些有口才的人，往往都是气场超强的人，他们都懂得讲求说话策略，很多时候都会侧面迂回，既不失真诚和厚道的品性，也能让对方感到高兴。古时候有个叫优旃的人，就因为此深得秦始皇的喜欢。

优旃是秦国的歌舞艺人，个子非常矮小。但他说话幽默，常常能在说笑中影射出大道理。

一次，秦始皇在宫中摆酒设宴，正遇上天下大雨。宫殿中一片欢歌起舞，而殿外执位站岗的卫士却都在淋着大雨，受着风寒。

优旃见状，心里十分怜悯这些卫士，便故意问他们："你们想休息吗？"

卫士们几乎一口同声地说："当然非常希望。"

优旃则告诉卫士们："一会儿如果我叫你们，你们要很快地答应我。"

过了一会儿，优旃上前给秦始皇祝酒，之后又转身走向栏杆旁，大声喊道："卫士！"

卫士答道："在。"

优旃说："你们虽然长得高大，又有什么好处？只能站在露天淋雨，我虽然长得矮小，却有幸在这里休息。"

秦始皇这才意识到自己的失误，知道优旃是在借用自嘲的形式来讽刺他。于是，秦始皇下令：准许卫士减半值班，轮流接替。

还有一年，秦始皇打算把打猎游乐的园林往东延至函谷关，往西扩至雍、陈仓一带。这样一来，几千亩农田将全部成为牧场。

朝中许多老臣听到这个消息后，都上书劝谏，直接批评这是劳民伤财，是万万不可为的事情。

秦始皇心中异常不快，怒言道："这天下都是朕的，朕想建个游乐场，你们这些老东西就婆婆妈妈的！谁敢再劝谏，拉出去立刻砍了！"

优旃听说后，就趁秦始皇兴致勃勃时探听虚实："听说陛下要扩大园林？"

"有这么回事。"秦始皇得意地说。

"好得很！"优旃说，"园林扩大了，可以多养禽兽，要是有敌人从东方来进攻，咱们可以用大大小小的鹿去撞死他们！"

秦始皇不禁被优旃逗笑了。然而仔细想想，为了国家的安危，还是不要过于玩物了。于是，扩建园林的事情就此被否决了。

如此幽默诙谐的劝诫方式，任谁听了都会听从，这就是语言的力量，语言酿造出的气场。语言本身是个性的体现，一个人的魅力很大程度上都是通过语言展现出来的。柔美的语调让人感受到温暖和亲切的气场，能够赢得众人的认同和好感；恶言恶语却像一把冰冷的刀子，不仅把人戳疼，还惹人厌烦。所以，别小看"说"的力量，你会不会"说"直接决定了你的气场强不强大，懂得了说话的艺术,才能够渲染出亲和力,这一点是你迈向成功的关键,学会了"说",抓住每一次"表现"的机会,你的人生就会无比亮丽。

02. 幽默的魅力

一天,古希腊的大哲学家苏格拉底正在和弟子们讨论问题。突然,苏格拉底那脾气暴躁的妻子闯了进来,冲着苏格拉底就大骂一顿,接着又把一桶水泼在苏格拉底的身上,苏格拉底还不知道怎么回事,就成了落汤鸡。

学生们都看傻了。他们以为老师一定会大怒和妻子吵架。没想到,苏格拉底什么也没做,他只是笑了笑,对弟子们说:"我知道,雷声过后一定会下雨。"弟子们听后哈哈大笑。这时候,苏格拉底的妻子略感羞愧地离开了。

当着众多弟子被妻子大骂一通,又被泼了冷水,苏格拉底不仅没有生气,反倒是以幽默的语言化解了尴尬。这种气场实在令人佩服和感叹。如果他像弟子们想的那样,大发雷霆,不仅有失身份,还可能让事情变得更糟。反过来说,如果苏格拉底没有这样的气场,他也不可能成为被人们铭记于心的大哲学家。

幽默能够展现一个人的气场。我们在生活中总是会遇到各种尴尬的事,有些可能是我们自己导致的,有些可能是他人的过失。这个时候,如果单纯地较劲儿,往往会让自己的气场向负面倾斜,让你产生易怒、暴躁、斤斤计较的感觉。若是换成说句幽默的话,反倒会能化解尴尬的场面,因为幽默具有极大的诱惑力和亲和力,它能够帮助一个人树立自己的形象,增强自己的魅力与吸引力。

幽默是一种高雅的风度,能够体现个人修养。人们喜欢幽默的人,是因为他们会给人带来欢乐和轻松的感受;人们向往幽默,是因为它可以让人变得气质非凡,更加有魅力。世界上很多名人都具有幽默感,也都认同幽默感的魅力。

邓小平说:"天塌下来我也不怕,因为有高个子顶着。"

作家布拉尔说:"使人发笑的,是滑稽;使人想一想才发笑的,是幽默。"

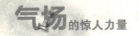

诗人歌德说："幽默只适用于有教养的人，因此并非每个人都能懂得每件幽默作品。"

幽默来自好的心态和乐观的个性，有幽默感的人从来不悲观处世，即便在不顺心的时候也能发现某些"积极"的东西，为自己的心理找到平衡。幽默是一种才能，一种灵气，需要有丰富的知识和高尚的修养做为支撑。不信你看，那些知识肤浅、心胸狭窄、行为粗俗的人，永远都是一副吝啬、小气、做作的样子，就算是开玩笑，也都是一些浅薄无知或庸俗低级的内容，没有丝毫的高雅可言。相反，那些有内涵的人，才能够让幽默展现出吸引人的魅力。

一天，海涅正在伏案创作，突然被一阵急促的敲门声所打断。来人送进了一件邮包，寄件人是海涅的朋友梅厄先生。

海涅因紧张地写作而感到有些疲倦，又因被人打断思路而显得很不高兴。他不耐烦地打开邮包，里面包着层层纸张。他撕了一层又一层，终于拿出一张小小的纸条。小纸条上只写着短短的几句话："亲爱的海涅，我健康而又快活！衷心地致以问候。你的梅厄。"

海涅刚想发怒，却又不禁被朋友的这个玩笑所逗乐，他深深地感到一种被人惦念的幸福，疲倦感也即刻消失了。调整情绪后，海涅决定对他的朋友也开一个玩笑。

几天后，梅厄先生收到了海涅的一个邮包。那邮包重得很，以至于他甚至都无法一个人把它拿回家。他雇了一个脚夫帮他扛到家后，梅厄打开了这件令人纳闷的邮包。

随后，他惊奇地发现里面竟是一块大石头。石头上有一张便条，上面写着："亲爱的梅厄，看了你的信，知道你健康又快活，我心里的这块石头落地了。现在，我把它寄给你，以永远纪念我对你的爱。"

如果是你收到了一块大石头，外加这样一封信，相信你也会笑上十天八天。不为这礼物多么特别，而在于送礼者那番话多么地有趣。瞧，这就是一种感染力。尽管这个人没有出现在你眼前，但他那种幽默的气场依然可以对你产生影响，给你带来快乐，这样的朋友你能不喜欢吗？

　　俄国文学家契诃夫说："不懂得开玩笑的人是没有希望的人！这样的人即使身高七尺、聪明绝顶，也算不上真正有智慧。"的确，幽默不仅仅能够帮助我们提升气场，拥有好人缘。有时候，它还能够帮助我们成功地说服他人。谁都知道，人与人之间总会存在不同的意见，如果要说服他人接受自己的意见，抱着逆反或是对抗的心理，结果肯定会谈崩。这时候，如果你有了幽默感，善用幽默的语言，那么你的气场就会潜移默化地影响对方，让彼此间消除分歧，找到共同点。

　　美国总统里根上任之后，本打算让国会议员斯托克曼担任联邦政府的管理与预算局局长。不过，斯托克曼曾经好几次在公开辩论中抨击里根的经济政策。这该如何打破僵局呢？

　　很快，里根想到了办法。他在电话中对斯托克曼说："嗨，戴维，你有好几次在辩论中都抨击我，我一直想找机会找你算账呢！现在我有办法了，我派你去管理与预算局工作。"

　　就这样，一个幽默的电话，不仅打破了僵局，还化干戈为玉帛了。

　　幽默的素质有天生的成分，但更多的都是后天的培养。想让自己变得更优秀，更有吸引力，那就学着幽默一点吧！不过，学会幽默的前提是不断加强自身的文化修养，培养自己的机智敏锐和乐观主义精神，更要领会幽默的本质并加以吸收。当然，最重要的还是不断实践，坦率、豁达地与人交往。做到了这些，你就会成为一个有魅力的人，你的气场也会帮你吸引更多的人气，还有更多的成功。

03. 善用"我们"的力量

一家经营不善濒临倒闭的毛衣厂，面向社会招聘厂长，最终的人选由所有职工投票决定。经过多轮选拔，最终产生两男一女三位胜出者，下一任厂长就将从他们三人中选出。

在竞聘会上，三位候选人一一上台做竞聘演讲，然后由坐在台下的职工代表们提问并选出优胜者。最终，三位当中唯一的一位女士成功地当选厂长，她能够最终胜出的秘诀就是在回答职工代表提问的时候很好地展示了自己的亲和力，把话真正说到了代表们的心窝里，让代表们认为她是一个真正能干实事，能够带领工厂走出困境的好厂长。

企管处处长问："在企业管理方面，你是个外行，请问你会以什么样的理念来管理整个工厂？又准备怎样调动起大家的生产积极性？"

女候选人回答："论管理企业我并不认为自己是外行，何况我们厂还有那么多懂管理的干部和技术高明的老工人，更有许多朝气蓬勃、勇于上进的年轻人。我上任后，第一件要做的事就是把老师傅请回来，把年轻人的工作、学习和生活安排好，让每个人都干得有劲儿，玩儿得舒畅，把工厂当成自己的家。"

一位资深技术工人问："咱们厂现在不景气，去年整整一年没发奖金，我要求调走，你上任后能放我走吗？"女候选人回答："你要求调走，是因为工厂办得不好，如果把工厂办好了，我相信你也就不会走了。如果我当上了厂长，那么先请你再留半年，如果厂子没有起色，到时我一定放你走。"话音刚落，全场爆发了雷鸣般的掌声。

厂工会代表问："以现在厂子的状况势必要进行机构和人员精简，你上任了以后打算裁掉多少人？"女候选人回答："调整干部结构是大势所趋，现在科室的干部显得人多，原因是事少，如果事情多了，那就不但不会裁人反而要对外招人。我上任以后，第一目的不是裁员，而是扩大业务、发展生产。"

女工代表问："我是一名女工，现在怀孕7个多月了，还让我在车间里站着干活，你说这合理吗？"女候选人回答："我也是女人，也怀孕生过孩子，知道什么是合理的事，什么是不合理的事。合理的要坚持，不合理的一定改正。"女工们立即活跃了起来，有的人激动地说："我们大多是女工，真需要一位体贴、关心我们疾苦的厂长啊！"

女候选人的这一番话，赢得了厂里各个部门，干部、工人的广泛支持，最终成功地当选了厂长。

感人心者，莫先乎情。真挚，诚恳，值得信赖，这就是台上那位女候选人的气场。她在会上说了很多温暖人心的话——"把工厂当成自己的家"、"我也是女人，我知道什么是合理的，什么是不合理的"，她那颇具亲和力的气场感染了员工，也帮她获得了成功。

亲和力是一种气场，是一种使人愿意亲近和接触的力量。换句话说，亲和力就是"我们"的力量，在说话时强调"我们"，就会让对方感受到他与你是"命运共同体"，从而加强人与人之间的吸引力。如果一个人总是强调"你"、"你们"，那个人的感觉就是他与听话的人处于两个不同的立场上。

美国前总统尼克松就非常善用"我们"的力量来提升气场，拉近自己与群众之间的距离。当年，在提出美国历史上最大一笔联邦预算时，他向所有国民呼吁："伟大的政府掌握在我们大家手中，利用我们大家的钱来建立国家的时期已经来到了。"尼克松总统以"我们"来诱导全国国民的心，结果取得了成功。

那些著名的演说家在演讲时，通常很少说"我"，而是常用"我们"这个词语。这样一来，就在无形之中与听众拉近了距离，默然之中形成了一种共识：这是我们大家的，从而找到共鸣。演说家的气场是怎么来的？就是将自己融于听众之中，让听众们接受他，被他的气场所感染，最终被说服。

美国有位政客在发表电视演讲时这样说道："我们要趁早将牛肉自由化，使大家都能吃到廉价的牛肉，所以我们必须行使我们共同的权利，以达到这一目的。"听到这样的话，大家就会觉得，这不是某一个人的事，而是大家共同的

事。当然，这位政客也可能只是为了个人的利益，不过他用了"我们"这个词，群众听了之后仍旧会觉得亲切，这就是语言的魅力。

所以，当你想要说服一个人，或是一群人的时候，别只顾自己说得天花乱坠。即便你所说的很有道理，但你的气场依然是微弱的，感染不了他人，甚至还会让人产生误解，认定你是为了个人利益在演戏，根本难以聚拢人心。

林肯说过："如果你想劝说一个人信从你的立场，首先要让他相信你是他忠实的朋友。"所以，换种方式说话吧！多使用"我们"这个字眼，你的气场立刻就会变得不同，它让你具备吸引力和凝聚力，让听者认为你和他们的利益一致。这样一来，即便是再坚硬的堡垒也会倒塌，所有人都会倾向于你这边，这就是"我们"的力量，这就是气场的胜利！

04. 情感是融化坚冰的阳光

长期的军旅生活，让拿破仑养成了体谅他人的美德。作为一名统帅，他时常会批评士兵，但这种批评不是破口大骂，而是在照顾士兵情绪之余提出意见。这样一来，士兵不仅能够坦然接受他的批评，还会对他充满感激和热爱。这让军队的战斗力和凝聚力无比强大，也使拿破仑的军队成了欧洲大陆的一支劲旅。

在征服意大利的一次战斗中，士兵们疲惫不堪。拿破仑夜间巡逻查哨时，发现一位巡岗的士兵靠着大树睡着了。拿破仑没有愤怒地喊醒士兵，而是拿起他的枪替他站岗。半个小时之后，哨兵醒了，他看到最高的统帅在自己的身边站着，心里惶恐不安。而拿破仑却没有指责他，而是亲切地说："朋友，这是你的枪。你们走了那么长的路，艰苦作战，困了累了我能够理解。不过，现在的情况很严峻，一时间的疏忽就可能断送全军。我正好不困，就替你站了一会儿，你以后要注意啊！"

拿破仑没有严厉地指责站岗时睡着的士兵，也没有摆出一副统帅的架子，而是用几句诚恳关切的话提出了士兵犯的错误。在他的言行举止中流露出的是一种真诚和关切，这种气场令人感动，并能够激起内心的恻隐之情，让人更加努力，以此作为回报。有这样的一位将军，也难怪他的军队会所向披靡。

人心是最神秘莫测的世界，想要开启这扇紧闭的大门不容易，但也并非毫无办法。你永远都不能忽视气场的力量，当你掌握了一些行之有效的技巧时，你的言行散发出的气场，就能够帮你取得成功。人们在作出某种决定的时候，其实并非依靠着理性的思维，多半是依赖人的感情和五官的感觉。换句话说，感情可以帮助你突破难关，也能够让反对者变成拥护者，这属于潜在心理术的突破点，当然这也是因为对方被真挚的气场感染的缘故。

林肯在成为总统之前，曾经是一名律师。一次，有个老妇人找到林肯，诉说了自己的遭遇，请求得到帮助。这位老人的丈夫在独立战争中牺牲，她没有子女，平日依靠抚恤金生活。照理说，她是烈士的遗属，应当好好照顾才对，但是负责管理抚恤金的出纳却总是欺负她，每次老人领取抚恤金的时候都要求她缴纳手续费，而手续费的金额是抚恤金的一半。

听完老人的诉说，林肯十分气愤，他接下了这个案子，帮助老人维护权益。

开庭审理此案的时候，被告矢口否认，而老妇人没有任何证据证明过去发生的那一切。林肯知道这次辩护很艰难，被告的勒索是口头提出的，没有人证也没有物证，被告不承认的话，原告一方很难办。

轮到林肯辩护了，他没有指责被告多么不道德，只是对着听众，用自己富有感染力的声调描绘当年的独立战争。说到那些爱国者在冰天雪地里奋战的情景，他的声音哽咽了，眼里还闪着泪光。听众被他的语境感染了，也被那动情的语言感动了，有些人甚至还流下了眼泪。这时候，林肯说："虽然这已经成为历史，1776年的英雄也已经长眠于地下。可是，他的遗孀却站在我们身边。可以想象，这位老人从前也是个美丽的姑娘，有过幸福的家庭。可是，她为战争付出了巨大的代价，她失去了自己的丈夫，变得无依无靠，只得向我们这些享受着先烈们争得自由的人们求助。朋友们，我们难道要熟视无睹吗？"

林肯的发言结束了。听众们有的在流泪,有的表示要解囊相助,还有的人竟然扑上去要撕扯被告。被告一时间成了千夫所指的对象。听众一致为原告讨公道,被告遭到了谴责。

人都是有感情的动物,想要试图去说服他们,首先就要展现出一股能够感动人的气场,这样才能够动摇对方的心理防线。这就是我们常说的"晓之以理,动之以情"。想打造你的亲和力,那就千万不能忽视感情的力量,它有时候甚至会超越利益。富有亲和力的气场,都是从说话的情感中流露出来的。

曾经,有个少年不小心从地铁的站台上掉了下去,结果被一辆飞驶而来的列车撞倒。虽然保住了性命,但却失去了一双手。后来,少年对铁路公司提出了控诉,但是法院的审判认为,这场事故不是铁路公司的过失,是少年自己造成的。这让少年很受打击,他对生活失去了信心。到了最后判决的那天,在最后的一场辩论中,法院竟然宣判少年胜诉,且全体陪审员也都同意了。这一切,是因为少年的辩护律师在结束时说了一句话:"昨天我看到他吃东西的时候,直接用舌头去舔盘子里的食物,我忍不住留下了眼泪。"就是这句话,让陪审团的判决峰回路转。

情感的号召力是一种气场,在它面前,就算是坚冰也一样能被融化。情感可以锻造强大的感染力,很好地说服别人与你站在同一战线。在人们感到失意或是反抗、或是需要花费金钱和付出努力的时候,用情感去打动他们吧,这种力量会让他们与你的想法同步。

05. 避免无谓的争论

二战刚结束时,戴尔·卡耐基被邀请参加宴会,这一次的宴会是专门为推崇一位被英皇授予爵位的英雄而举行的。

宴席期间,一位声名显赫的先生讲了一段幽默的故事,并引用了一句话,大意是"谋事在人,成事在天"。那位健谈的先生随后补充到,他所征引的那句话出自《圣经》。

卡耐基一听,顿时就知道他说错了。他敢肯定,那句话出自莎士比亚,而且他清楚地知道出自哪一出中哪一幕的哪一场。为了表现优越感,卡耐基立刻纠正了他。这时候,那位先生立刻反唇相讥:"什么?出自莎士比亚?不可能!绝对不可能!那句话就是出自《圣经》。"

卡耐基继续说:"不信的话,你可以问问坐在我旁边的这位先生,他是我的朋友法兰克·葛孟。他研究莎士比亚的著作已有多年。"葛孟听了,在桌子底下踢了我一下,然后说道:"戴尔,你错了,这位先生是对的。这句话的确出自《圣经》。"

宴会结束后,卡耐基私下里问葛孟:"法兰克,你明明知道那句话出自莎士比亚,你为什么要撒谎?"

葛孟回答:"没错,我当然知道。那句话出自《哈姆雷特》第五幕第二场。可是亲爱的戴尔,我们是宴会上的客人。为什么要证明他错了?那样会使他喜欢你吗?为什么不保留他的颜面?他并没问你的意见啊,他也并不需要你的意见。为什么要跟他抬杠?永远避免跟人家发生正面冲突。"

这件事给了卡耐基一个教训,他说:"你赢不了争论。要是输了,当然你就输了;如果占了上风,获得了胜利,还是输了,证明了你并不是一个会做人的人。"的确,永远不要与他人发生正面冲突,这会削弱你的气场。

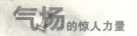

争论本身就是一件没有意义的事，你与他人争论输了，你在气势上就软了；就算争论赢了，你一样是输了，你伤害了对方的自尊心，你丧失了亲和的吸引力，你在他面前的气场变成了负的，与对方的气场产生相斥作用。

古人早就说过："世俗之人，皆喜人之同乎己而恶人之异于己也。"世界上没有两片相同的树叶，更何况人的想法。人际交往中，时常会出现意见不合的情况，争执也在所难免。但是，如果你希望自己日后不成为对方的"敌人"，保持着一种吸引人的魅力，那么在与他人发生分歧的时候，不要纠缠着与之争论不休。尝试理解他人，当然不是要求你完全接受别人的观点，你要让对方感觉到你在设身处地地站在他的角度看问题、理解问题，用"同质"的气场去影响他，才能够心平气和地解决问题。如果非要辩论、争强，你就永远也得不到对方的好感了。林肯就曾这样对一位和同事发生争论的青年军官说："任何决心有所成就的人，决不肯在私人争辩中耗费时间。争辩的结果，包括发脾气、失去自制，其后果是难以让人承担得起的。"

争论很容易让人丧失控制力，在不断升级的话语中，态度也越发蛮横，话语逐渐伤人，在不知不觉中去挑战对方的心理防线，导致双方都不冷静。一个失去了沉稳、气度，变得狭隘、恶语连篇的人，怎么还能够散发出好的气场呢？

其实，对于一个问题，没有绝对的"对"或"错"之分。特别是在生意场上，意见不统一、个人利益受到损失等情况时有发生，为此争执不下、争斗不休往往没有什么好结果。看看那些气场强大的有经验和涵养的生意人，他们在与人交往、谈判、合作时，永远都是面带微笑，摆出一副坦诚的样子。即便出现矛盾，也总是秉承以和为贵的原则，用自己强大而正面的气场赢得他人的好感，提高自己在他人心目中的地位，从而广结人缘。如果是迫不得已被卷进了争吵中，他们也会表现得非常有气度，甚至甘愿充当失败者。

安迪与一家公司进行商业谈判时，在价格上出现了严重的分歧。这时，对方代表突然站起来，冲着安迪挥舞着愤怒的拳头，大发雷霆地说："安迪，你简直就是一个唯利是图的奸商。我恨你，我有绝对的理由恨你！"接着，恣意谩骂了长达 10 分钟之久。

在场的所有人，都以为一场争吵必不可免，甚至以为安迪会挥起拳头向他打去，或是立即停止谈判。可是，谁也没想到，安迪竟然一点也不生气，而是恭敬地站起来，用和善的神气注视着这位攻击者。那人越是暴躁，他便越显出和善。对方被弄得莫名其妙，怒气渐渐平息了下来。半小时后谈判继续进行，安迪心平气和地表达自己的观点。对方代表意识到自己的一时冲动，误解了安迪的意思。最终，双方谈判成功，达成合作。

在遇到分歧和争论的时候，"认错"和"宽大"并不是懦弱无能，而是一种难能可贵的美德，一种超越"优越"和"权威"的气场。有了这种气场，人们才会乐于同你交往，你的亲和力才会越来越强。与此同时，这种亲和力也会推动你事业上的成功。

06. 向飞行员胡佛致敬

胡佛是一位非常有名的飞行员，胆识过人、技术一流。

一次，他参加完飞行表演准备返回，当飞机降落到距离地面 300 米高空的时候，飞机的发动机突然熄火了。这对于连同飞机里的另外两个人来说，简直就是灭顶之灾。

在如此危急的时刻，胡佛依靠高超的技艺和过人的胆识，最终把飞机降落在了机场。虽然飞机受到了严重地损坏，但幸运的是人员除了一点轻伤外，没有大碍。走出飞机驾驶位置后，胡佛立即对飞机作了检查，结果发现造成事故的原因是机械师把燃料加错了。走出停机坪，胡佛立刻说要见一下那位帮他维修飞机的机械师。

几乎所有人都以为他要狠狠地痛骂那位粗心大意的机械师。不过这也可以理解，这样大的失误不仅让这架造价昂贵的飞机差点报废，而且险些让胡佛一行三人一命呜呼。然而，胡佛没有这样做。

　　胡佛见到那位年轻的机械师以后，走过去揽住机械师的肩膀，严肃却又充满力量地只说了一句话："为了相信你不再出现这样的情况，明天要起飞的F-16还要你来维修。"还沉浸在紧张、沮丧、痛悔情绪中的机械师，听到这番话以后，简直不敢相信自己的耳朵，直到胡佛离开以后他还没有醒过神来。自然，这件事情本身给这位机械师一次终身难忘的教训。

　　年轻机械师犯了如此大的错误，胡佛有绝对的理由对他进行批评。出人意料地是，他并没有因为自己有道理，就冲着机械师大吼大叫，更没有得理不饶人。在有理的情况下，胡佛依然保持着一副低平的态度，只是说了寥寥几句含蓄的批评，给予机械师更多的还是肯定与信任。这就是一种气场，一种最能触动人心的力量！想必聪明的胡佛也知道，机械师明白自己所犯的错误时，心中一定充满了愧疚和自责。这时候如果劈头盖脸地训责他，很可能会激起他的反抗。只有拿捏好说话的语气，恰到好处地批评他，才能让他心悦诚服地认识错误，况且这样也可以展现出自己的修养。

　　可惜，生活中不少人有一种下意识的错觉，总觉得气场强就是说话声音大，气势强，语气坚定，这样能够证明自己占着"理"，从而压倒对方。而心理学家认为，无声语言所显示的意义，比之有声语言要深刻得多。曾有国外的心理学家还就此列出了一个公式：人与人之间的信息传递=7%语调+38%语气+55%表情。这个公式主要强调了无声语言在人际交流中的意义是非常重大的。那些气场强大富有感染力的人，不仅会说话，还善于利用肢体、表情等无声的言语来触动他人。事实的确如此。那些嗓门大、习惯用粗鲁的方式进行争辩的人，总是让人厌恶，并难以让人心悦诚服。虽然从表面上看，他们咄咄逼人，占据上风，事实上他的气场早就被"没有修养"、"刻薄狭隘"掩盖了。

　　那些真正懂得说服别人的人，从来都不是靠声调来取胜，而是依靠着一股气场。声调提高的时候，证明你已经愤怒了。愤怒是一种情绪的波动，在不冷静的情况下，人的意志力和自控力都会受到影响，不管是言语还是行动都可能会显得"过分"。这时候，你是无论如何也无法让人信服的，只会招来更多对立的东西。有时候，"润物细无声"的柔和比暴风骤雨更有力量。

有位医学教授曾问刚刚入学的新生："用酒精消毒,浓度多大为宜。"

学生们几乎没有经过思考就直接答道："当然越高越好了！"

教授说："不对。"

学生们一脸茫然。教授解释说："酒精的浓度太高了,会让细菌的外壁在很短的时间内凝固,形成一道天然的屏障。这样的话,后续的酒精就没有办法侵入了,那些细菌在壁垒后面依然存活。"这个新奇的理论,学生们还是第一次听到。

教授继续解释道："最有效的浓度,是把酒精的浓度调得相对柔和些,润物无声地渗透进去,效果才佳。"

酒精杀灭细菌如此,要在气场上胜过他人,也是如此。咄咄逼人、严声厉色未必就能够胜人一筹,温顺柔和的语言也未必让你气短一截。柔和并不是软弱,而是一种品质与风格;柔和也不是没有原则,而是一种更高境界的坚守;柔和更不是退让,而是一种水滴穿石的坚韧。与厉声指责相比,柔和的言语不仅让你具有亲和力,更能让你彰显出一股"不曾剑拔弩张,依旧扼守尊严"的气场！

气场
的惊人力量

释 放
以气场获得成功

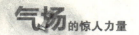

※ 第 13 章 "浩然之气"铸就事业的成功 ※

影响力无声无形,却像是一种磁场,让人感觉到它的存在和力量。无论是名人、伟人还是普通人,都可以拥有影响他人的力量。只不过,相比较而言,那些有智慧、有能力的气场强大的人,往往更胜一筹。他们凭借自身的行为方式和气场,成为思维方式的颠覆者。

01. 塑造你的影响力

起初,查尔斯·弗莱戴里克经营着一家时装店,让工作室的漂亮姑娘穿上自己新设计的衣服,以此向顾客展示推销,这种行为开创了服装表演和时装模特的先例,并让之成为一个新的职业。后来,查尔斯·弗莱戴里克自己选择衣料,自己设计并自己制作。然后,雇佣专属自己的时装模特,每年邀请特定的顾客参加自己的作品发表会,这种做法开创了全新的经营方式。此外,查尔斯·弗莱戴里克还是第一个向美国和英国的成衣厂出售设计的人,他的成就引来无数设计师的效仿。巴黎因此渐渐形成了高级时装行业,确立了它在"世界时装发源地"和"世界流行中心"的国际地位。

可以说,查尔斯·弗莱戴里克是个传奇性的人物,他不仅影响了巴黎,影响了整个时装界,也影响了全世界。

在尚未认识查尔斯·弗莱戴里克之前,也许你并不理解影响力的概念。现在，你一定知道了，影响力实际上就是一种气场，一种能够左右或改变他人的心理和行为的力量。

影响力无声无形，却像是一种磁场，让人感觉到它的存在和力量。其实，无论是名人、伟人还是普通人，都可以拥有影响他人的力量。不过，相比较而言，那些有智慧、有能力的气场强大的人，往往更胜一筹。他们凭借自身的行为方式和气场，成为思维方式的颠覆者。

每个人都渴望拥有影响力，这是一种独特的魅力。能够时刻影响周围的人，找到自己的存在感，给予对方一种神奇的力量，这就是最强大的磁场和吸引力。

有人说，人与人之间的交往，就是意志力与意志力的对抗，而影响力便在其中彰显出来。的确，有了影响力就有了气场，有了气场就可以在无形中让人乐于接受你的控制。影响力是个人价值的集中表现，展现了一个人出色的能力和综合素质。有了影响力，你就能够在人群中光耀卓越，让其他人心甘情愿地拥护你。

有人可能会说："气场和影响力的大小，与一个人的权力有关。"换句话说，他们觉得一个人有了权力，它就具备了影响力。到底是不是这样呢？

在两千多年前，阿育王统一了印度。一天，他召集了群臣，问道："现在，普天之下还有什么地方不属于我，谁敢不服从我？"

有位大臣回答："启奏大王，海中的龙王从来都没有问候过大王，也没有进贡任何宝物。它不属于大王。"

为了考验自己是否能够震慑住龙王，阿育王发动了上万的兵将，浩浩荡荡地来到海边。阿育王厉声地向大海呼喊："龙王，你在我的国界内，为何不出来参见本王？"阿育王不断地呼喊，可龙王却没有任何动静。

阿育王有些着急了，命令群臣想办法让龙王出来。一位尊者对阿育王说："或许，时机还未成熟。现在，龙王的福德在您之上，所以他没有出来。如果大王不信的话，不妨取黄金二斤，一斤造龙王像，一斤再造大王像。两尊金像完成之后，比较一下轻重，就能够知道谁的福德更大了！"

于是，阿育王依照尊者的办法造了两座像。结果，经过称验发现龙王的像比阿育王的像要重。尊者说："龙王的福德超过大王，您若想要变重，还要修德培福才行。"

阿育王听闻后，得知自己福德浅薄，深感惭愧。于是，阿育王开始广种福田，每天精修佛法，还把个人的财产分给穷人。又在各省市建寺建塔，广造佛像，印赠佛经，不计其数。如此福德，使供在密坛上的龙王金像，向他曲身合掌。后来，还取出阿阇世王所藏的佛陀舍利四升，粉碎七宝末，而建造八万四千座宝塔。

精修佛法三年之后，阿育王连自己的枕头都卖掉了。这时候，龙王的金像已经伏地向阿育王顶礼了。此时，尊者对阿育王说："现在，您可以再派人称验两尊金像的轻重了。"结果，阿育王的像明显超过了龙王像的重量。

阿育王很高兴，又带领大军到海边。没想到，龙王真的变成了一位青年婆罗门，给阿育王跪安，还献出了很多珍宝。

到底有没有龙王我们不得而知，但从这个故事里可以看到，一个人的气场和影响力，并不是依靠权力就能得到的。若是非要把强权当成公理，他注定会失败。也许这么做，能够让对方表面上予以赞同，但时间长了，矛盾就会显露出来，成败当然可想而知了。

影响力不是强制性的，它是一种气场，发挥着微妙的作用，以潜意识的方式改变他人的行为观念。与权力相比，它没有那么直观，但它却是一股内在的神奇的力量。每个想要取得成功的人都必须知道，影响别人绝对不是逼着别人接受自己的观点，而是要用自身的行为方式和人格魅力去感染对方，让他心平气和地接受。

02. 不能说了不算

曾经有人问史玉柱："你认为在领导者素质中，哪一样最为重要？"

史玉柱说："说到做到！只要你承诺了，几月几日几点钟做完，你一定要做完。完不成，不管什么理由，一定会遭到处罚。往往越没本事的人，找理由的本事就越高。我们干脆不问什么原因了，你部门的事你就得承担责任，不用解释。所以现在大家都说实话，不搞浮夸了。总之，员工作出的承诺一定要兑现，一定要让他说到做到，做不到你也要想方设法帮他去做到。一个成功的企业必须要有这个作风。"

说到做到，这是史玉柱的行事准则，也是他的气场！他不仅这样要求自己，也用这种气场去感染员工，营造出一个良好的企业氛围。

美国管理协会曾经邀请专家描述 20 世纪 90 年代商界最完美的领导形象，结果专家们一致认为，"正直"是主要要素。有着正直的气场和作风，人们才会尊敬他，信赖他。一个人正直与否，最重要的体现就是言出必行。"说了不算"，往往会严重削弱一个领导者的气场。有些领导者习惯给员工许诺，后来因为某些原因无法兑现承诺时，为了维护自己的"尊严"，他们又会编造出一些谎言来搪塞。其实，如果真的有困难，就不要答应；如果答应了，就要竭力去做，承诺兑现。否则的话，失去的就不只是他人的信赖了，还会让自己的声望和威信扫地，得不到他人的支持和拥护。

杰克是一家公司的老板，最近他经常看到员工艾伦在办公室加班，他的业绩也很好。杰克约了艾伦第二天晚上一起吃饭，想犒劳一下他，也有意想要升他为经理。可是，到了第二天，杰克忘记了这回事，陪客户去郊外了。可怜的艾伦一直在办公室里等，虽然知道杰克不在公司，但他还是相信杰克会给自己打电话。可惜，他失望了。

后来，艾伦总是提不起精神，他再也没有激情了，总是莫名其妙地发脾气。每次看到杰克对员工热情地打招呼，他都觉得杰克很虚伪。再想起杰克失约的事，他觉得自己简直就是被杰克"耍"了。不久之后，艾伦就辞职了。

言出必行，是一个人道德修养的体现，也是任何一个渴望成功的人必备的素质。如果是领导者，那就更该如此了。领导本身代表的就是一种权威，如果总是说了不算，就会让权威大打折扣，也会让自身的影响力越来越小。这种事情再常见不过，如果你周围的某个人总是用漂亮话充门面，到了该行动兑现诺言的时候，不是说忘了就是装糊涂，这种人一定会让你觉得"没劲"、"虚伪"，别说是尊重他、信任他了，恐怕你以后都不愿意主动和他说话了。

一个人的气场，受与生俱来的长相、气质的影响，但更多的还是看他后天的行为方式。少说漂亮话，多做实际事，是提升气场和声望的准则。说了的话，就要马上去落实。要知道，对于那种"干打雷不下雨"的人，没有人会买你的账。因为雷声再响，也不能给种子送去破土崛起的力量，而雨点虽小，却能给禾苗带来茁壮成长的希望。

摩根一直想做番大事业，1835 年，他等来了这个机会。一家名叫"伊特纳火灾"的小保险公司宣称，不用马上拿出现金、只需在股东名册上签上名字就能成为股东。这非常符合摩根没有现金但却能获益的设想。然而，就在摩根成为股东后不久，一家在伊特纳火灾公司投保的客户发生了火灾。按照规定，如果完全付清赔偿金，保险公司就会破产。股东们一个个惊慌失措，纷纷要求退股。

摩根斟酌再三，认为诚信比金钱更重要。于是，他四处筹款并卖掉了自己的住房，低价收购了所有要求退股的股东们的股票。然后将赔偿金如数付给了那位已投保的客户。这件事过后，伊特纳保险公司成了信誉的保证。但摩根已经身无分文了，虽然成了保险公司的所有者，可这家公司已经濒临破产了。无奈之中，摩根打出广告，凡是再到伊特纳火灾保险公司投保的客户，保险金一律加倍收取。

不料客户很快蜂拥而至。原来在很多人的心目中，伊特纳公司是最讲信誉的保险公司，这一点使它比许多有名的大保险公司更受欢迎。伊特纳火灾保险公司从此崛起了。多年之后，摩根的公司已成为华尔街的主宰。成就摩根家族的并不仅仅是一场火灾，而是比金钱更有价值的"说到做到"的信誉。

行动上的诚信永远比语言的诚信更重要，因为它显示了你对自己真正的评价，彰显了你从内到外的气场。不论在生活上或是工作上，一个人的信用越好，就越能成功地打开局面。如果你是个说到做到的人，那么你的气场会让你和你的团队更加有气势！

03. 站出来就是英雄

有人说，是"9·11"成就了纽约前市长鲁道夫·朱利安尼。

的确，当世界贸易中心双塔倒塌时，朱利安尼第一时间赶了过来，直接或间接地下达了数百道命令，他亲自指挥在场的数百名人员进行救援活动，抢救遭摧毁的公共设施，并且前往医院慰问受伤者和罹难者的家属。他说："我必须露面，我是纽约市市长，如果我没有出现，将对这个城市更加不利。"

在那段时间里，他频繁地出现在全国性媒体的电视画面和广播上，提供各种重要的信息给全国民众。举例而言，他号召大众进行遍及全市的反恐行动，澄清了纽约市并没有遭遇生物或化学武器攻击的迹象，他还说："明天的纽约就将屹立于此，我们将要重建，而且我们也会变得比之前更坚强……我希望纽约市民们替全国的人民做出榜样，也替全世界的人们做出榜样，告诉他们，恐怖主义不会阻止我们的。"

最终，在朱利安尼坚强、理智的带领下，纽约市民走过这场前所未有的灾难。"9·11"灾难处理事件可以说是朱利安尼生涯中最闪亮的一刻，他临危不乱的领导能力获得了各方的赞美。从那之后，"美国市长"这一称号便一直伴随朱利安尼至今。

很多时候，气场是与崇高的责任感、使命感联系在一起的。一个真正有气

场的人，不仅是在顺境中能够承担起较大的责任，更重要的是在风险或危机来临时，有勇气站出来，勇于承担更大的压力。朱利安尼正是因为做到了这一点，获得了纽约、美国，乃至全世界的赞誉和尊重。

站出来就是英雄，但是并非只有如此才能展现你足够的气场，更重要的是平时要提前做好防患准备。在风险或危机来临时，能够真正地承担起这份责任感、使命感，并且将之贯彻到底。实际上，朱利安尼在上任之初就曾花了一年多的时间学习《危机管理》这门功课，诸如生化武器或炸弹攻击等，并且反复检查与练习。所以，"9·11"的发生虽然出人意料、前所未有，但他还是快速、准确地做出了反应。

2000年、2004年、2008年，这是3个看上去并没有什么关联性的年份，可就在这3个年份里，华为技术有限公司总裁任正非都提出了"冬天来了"这样的警告。

谁都没有想到，由美国次贷引发的金融危机以令人吃惊的速度席卷了全球。全球经济模式下的中国制造企业，不可避免地深受金融危机的波及，出口萎缩，收益下降，致使整个制造业面临"寒冬"的考验。

大危机，通常会引来人们深刻的反思。而真正的智者，却能够在冲锋势头下看到危险的逼近。让一线直接决策，让每一个人都在一个起跑线上！任正非沉静地向华为全体员工发出了呐喊，并且呼吁企业家要承担起责任，帮助小企业共同"过冬"。

2008年，在国际巨头均出现收入大幅度下滑的背景下，华为年收入却达到了233亿美元，仍然实现了46%的增长，这不能不让人感到惊讶。华为赢得了普遍的赞赏，这种无形的财富，也成为了企业发展的助推器。

逆境中能够诞生伟大的企业，任正非强烈的防患于未然的意识、积极地谋划应对之策，推动着华为不断向前，也担当起促使中国经济复苏的使命。这就是负责任、有担当，这是一种引领人的气场。

一位伟人曾说：人生所有的履历，都必须排在勇于负责的精神之后。责任是使命，责任是动力，一个具有强烈事业心、责任感、对工作高度负责的人，才可能有强烈的使命感和强大的内在动力，才能做好本职工作，才能勇于担当；而一个没有事业心和责任感的人，是不可能勇于担当的。试想：如果在金融危机中，任正非只求个人的利益少受损失，千方百计逃避责任，极力将风险和损失转嫁到员工头上，或者索性卷铺盖走人，留下员工遣散、债务偿还等烂摊子让别人去收拾。那么，不仅失去了一个企业家必须应该具备的气场，而且这种老板早晚会吃大亏，企业也难以"长寿"。

要做到勇于担当，就要首先强化大局意识。俗话说："不谋全局者，不足以谋一域。"一个没有大局意识、大局观念的人，是不可能做到勇于担当的，这样自然也就难以在别人面前形成足够的气场。

1903 年，好时巧克力的创始人米尔顿·好时先生在宾夕法尼亚州初创巧克力制造业时，德利郡还是一片少有人烟的牧场。20 世纪 30 年代，失业人口众多，美国陷入经济大萧条时期，"好时"也因此开工不足。

辞退一部分工人无疑是缓解企业危机的有效措施，但是好时先生以他的智慧和长远眼光发起了一个名为"大建设运动"的计划。他将过剩的劳动力输入到建立医院、教堂、体育馆、剧场、博物馆、学校和旅馆等一切公共设施上面，并带头把德利郡建成美国小城镇绿化建设中的模范。

最后，好时不仅平稳地度过了经济危机，还建设了一个设施完备、公民友善的城市，如此良好的外部环境，大大促进了好时有活力的发展。如今好时是世界上最大的巧克力产地。每天生产的巧克力仅 KISSES 一个品种就多达 3300 万颗。

毋庸置疑，好时先生是一个天才。他为员工解决工作难题的同时，也使好时维持在最干净、最卫生的生产状态中。他勇于担当责任，谋划全局的行为，为自己营造了不可忽视的气场，赢得了员工和同行的尊重，也获得了消费者的认可。

如今，越来越多的人开始反思：那些拥有众多财富的成功者，是不是真正的成功者？答案显然是否定的。事实上，人们不再将财富简单地视为成功的标志，而是将那些勇于担当、勇于负责的人视为真正的财富。

04. 有主见才有气场

　　小泽征尔是一位活跃在交响乐舞台上的、善于指挥交响乐的世界著名音乐指挥家。一次他去欧洲参加指挥家大赛,决赛中他被安排在最后一个参赛,评判委员会交给他一张指挥乐队演奏的乐谱。

　　他以为是乐队演奏错了,就停下来重新指挥演奏。但还是不行,"是不是乐谱错了?"小泽征尔问评委们。在场的评委们都郑重声明乐谱没问题,而是小泽征尔的错觉。小泽征尔不免对自己的判断产生了怀疑。

　　小泽征尔又仔细看了看乐谱,坚信自己的判断是正确的。考虑再三,他大吼一声:"不!一定是乐谱错了!"话音刚落,评判台上那些评委们立即站立向他报以热烈的掌声。原来,这是评委们精心设计的"圈套"。前面的选手们虽然也发现了问题,但在遭到评委们的否定后就不再坚持自己的意见。只有小泽征尔不迷信别人的意见,哪怕是权威,坚信自己的判断,最终摘取了这次比赛的桂冠。

　　有自己的正确认识,坚持自己的正确想法,不盲目地听从别人的意见,这就是小泽征尔的气场!一个人想要获得成功,最重要的一条素质就是有自己的主见。

　　如果我们不能明辨是非,缺乏独立思考的精神,总是做墙头草,唯唯诺诺、随波逐流,那么气场就不够坚定,自己和别人都难以产生信赖感,那么无论如何也到达不了理想的彼岸。

　　众所周知,伽利略的太阳中心说、牛顿的万有引力定律、马克思的剩余价值学说以及毛泽东农村包围城市的革命理论,开始时都无一例外地遭到了别人的怀疑或反对。试想,如果他们当初不能够坚持自己的主见,缺乏自我的气场,现实会是什么样子?恐怕我们还一直生活在水深火热的错误里面。

有一则这样的小故事：

一群青蛙在高塔下玩耍，其中一只青蛙建议："我们一起爬到塔尖上去玩玩吧。"众青蛙都很赞同，于是它们便聚集在一起相伴着往塔上爬。爬着爬着，有些青蛙窃窃私语了，"塔太高了，我们肯定到不了塔顶！"听到这些"泄气"的话，一只接一只的青蛙停下来了，只剩下一只最小的青蛙还在缓慢地坚持着。它不管众青蛙怎样鼓鼓噪噪地嘲笑它傻，就是坚持不停地爬，并最终成为唯一一只到达塔顶的胜利者。它哪来那么大的力气爬上塔顶呢？答案很是让人出乎意外：原来这只小青蛙是个聋子。它听不见众青蛙的议论和嘲笑，一如既往地坚持自己的目标。

卓越者开始总是曲高和寡，平庸者往往附和者众。纵观那些有气场的人，他们不论是做人还是做事，首先都会独立思考，辨明是非，选择一个正确的立场观点，而不被周围一些人的议论所左右，坚持不懈直到成功。特别是我们有了比较新奇的想法，要做别人没有做过的事情时，更是需要顶着舆论的强大压力。

被称为日本经营之神的松下幸之助，曾如是说："不管别人的嘲弄，只要默默地坚持到底，换来的就是别人的羡慕。""人生有超越得失的一面，对自己所认定的事情，即使赌上性命也要勇往迈进，又有什么不可呢？"

关于坚持自我见解的重要性，松下早在青少年打工时期就已经深深懂得了。那时，年轻的松下从火盆店转到脚踏车店已工作了七年。在老板的教导或责骂中，他逐渐学习到了做生意的知识、做人原则以及人情世故等。

就在这时发生了一件事。一位地位居于领班与学徒间的店员，居然偷拿了店里的东西出去变卖。老板虽然很气愤，但训诫了一番后决定放他一马，"我原谅你这一次，以后绝对不可以再做出这种事。"

松下已经有判断力了，他看不惯小偷小摸的行为，便对老板说："这种处置方式不会有好结果，您令我非常遗憾。当然您是老板可以这么做，不过我要辞职，因为我不愿意和做过这种事情的人一起工作。"

在松下的坚持下，老板没有办法，最后把那个人开除，后来这家脚踏车店

日后的发展很好,成了当地的名店。日后松下自己总结说:"现在回想起来,我当时的态度有点过分。但是这种坚持自己主见的精神,为我今后的成功打下了基础。

坚持自我信念的过程,就像凤凰必须在烈焰中诞生一样,要经历残酷的身心考验。正是因为这样,有气场的人不会随波逐流,无所畏惧,因而超群出众,卓尔不凡!因此,我们要想有所成就,就必须如一句西方格言所说:"走自己的路,让别人去说吧!"

当然,有气场并不指固执己见,还应该学会虚心听取别人的意见。如果别人的意见有可取之处,哪怕是来自"敌人"的意见,我们也应该吸取。这和丧失自己的主见、屈从于他人不正确的言论是两回事。

05. 培养你的追随者

华特·迪斯尼,著名动画形象"米老鼠"的创作者,一生获得27项奥斯卡金像奖,1955年投资创建的迪斯尼乐园是全世界儿童梦寐以求的福地,他是一名著名的动画制作人,也是一名成功的企业家。

有一天,一个前来迪斯尼乐园游玩的小男孩问迪斯尼:"那些米老鼠都是你画的吗?""不,那些大部分都是我的员工画的。"迪斯尼回答道。"那么。发生在米老鼠身上的故事都是你想出来的吧?"迪斯尼摇摇头:"没有,我不做这些。"男孩挠了挠头,追问道:"那么,迪斯尼先生,你到底都做些什么啊?"迪斯尼笑了笑回答:"公司员工就像一支支向日葵,我就是公司的一颗小太阳,我什么都不用做,但他们都要从我这里获取新的信心和力量。我猜,这就是我的工作。"

广义而言,世界上只有两种人,一种是领袖,另一种是追随者。如果你做不成领袖,你就只能做一个"寄人篱下"者。这两种人存在着非常大的差别,是人生必须考虑的重大问题。领袖与追随者之间的差距,是什么因素造成的呢?还是气场。

气场是指一种不依靠物质刺激或强迫，而全凭人格和信仰的力量去领导和鼓舞的能力。正如安迪·格鲁夫所言："领导者的唯一定义是其后面有追随者。领导者最重要的职责就是时刻要发挥自我的人格魅力，去正面地影响每一个人，而不是死板地去管理他们。"

实施独裁、命令强迫性的领导者，使追随者成为被迫行动的工具。这种领导者是不能持久的，也得不到长期和很多的追随者。如墨索里尼、希特勒之流，都只能是昙花一现、烟消云散。

孟子曰："得天下有道，得其民，斯得天下矣。"一语道出气场的巨大价值。拥有强大的气场，具备足够的感染力，才可以真正地吸引众多忠诚的追随者。在人类历史上，众多英雄人物将这种气场发挥得淋漓尽致，因而成为了领袖，成就了大业，甚至改写了历史。

在现代社会中，它同样是一个普通人取得进步、成功，企业得以发展壮大的关键因素。

苏宁电器董事长张近东，无疑是一位极有气场的成功领导人。苏宁的核心管理层大都赞赏其能力和人品，钦佩其胆识和魄力，这是他们之所以十年如一日坚持与苏宁共同发展的主要原因。

近二十年来，张近东一直保持着"工作狂人"的本色和激情，公司的中层员工常会在深夜接到他的电话或者短信，问及某项具体工作或者探讨某一想法，他每年至少要开200个内部会议，一般会议平均1~2个小时，而且他先后出资设立兴建希望小学、资助贫困大学生、支持社会福利院等。

苏宁员工一路披荆斩棘，与对手在激烈的市场竞争中角逐，不放弃任何一个契机，这与张近东具有的强大气场是分不开的。

气场，是内在与外在素质的培养与修炼，是与前瞻力、影响力、决断力和控制力等主要领导能力紧密联系在一起的。具体来说，包括能力卓著、目标明确、情绪稳定、自信热情、充满激情、理想高远等方面。

当你的气场卓越超群时，你将会发现很多良好机会，使自己能够在任何行

业中出人头地,更多的追随者会愿意围绕着你。当然,这个过程很艰难,但我们永远都不可以因为几次的失败而放弃,应该把此作为一种职业信仰的磨炼和提升。

当然,能够当领导者的毕竟是少数,那你不妨做一个最有效的追随者。明智、出色的追随者能够直接从领袖那里获得很多好处,其中最主要的好处,就是能够获取更多的知识、经验等,使自己渐渐也能掌握做领导的气场。

路漫漫其修远兮,唯愿上下共求索……

※ 第 14 章 "义气"叩开人脉之门 ※

好的气场不仅会给人营造一份难得的好心情,更是构筑人际关系、树立良好形象的一种不可或缺的因素。如果你想拥有完美的品格,想积累自己的人际关系,就该学会温和待人,用"义气"敲响别人的心门。

01. 气场铸造了人脉

乔治·伯特是一家旅馆的服务生,一个暴风雨的夜晚,有一对老夫妇来到旅馆住店。查看了房间登记记录之后,乔治·伯特很抱歉地对两位老人说:"今晚上我们这里已经没有空房间了,真对不起。"

看着两位老人失望的表情,又望了望外面的瓢泼大雨,乔治·伯特有些不忍心,便热情地说道:"不过,如果你们愿意的话,可以住我的房间。"见老夫妇有些疑惑,他解释道,"请放心,我要在这里工作到明天早晨,你们不会给我造成任何不便。"

两位老人看了看乔治·伯特的工作证,又看了看酒店的值日表,确定这位年轻的小伙子的确需要加班时,欣然应允到乔治·伯特的房间里住了一晚。第二天,他们要给乔治·伯特付房费。

乔治·伯特爽朗地笑了笑,婉言谢绝道:"我昨晚已经赚到了加班费,请不必客气! 能够帮助您们是我的荣幸。"

老先生要了乔治·伯特的电话号码，感叹地说道："小伙子，像你这样的职员是任何老板都梦寐以求的。也许，我将来会为你建一座旅馆呢。"

乔治·伯特笑了笑，姑且认为这只是一个玩笑。过了几年之后，他真的接到那位老先生的电话，他建起了一座豪华饭店，聘请乔治·伯特任这家饭店的第一任总经理。这家饭店就是美国著名的渥道夫。

在人际关系上，气场就是关系网。简而言之，它是我们的人气、人脉和人情，是你与我结交良师益友、打动客户、上司或同事的有形网络，也是寻求机遇与创造机会的社交圈，是彼此气场的交碰、融合、互相的影响。

乔治·伯特是一个不折不扣的气场强大的人，他抱着热情帮助顾客的态度，用心地对待每一位顾客，不知不觉间就搭建起了自己的人脉之桥，从顾客那里获得了信赖，在事业之旅上走得很顺畅。

美国人力资源管理协会曾进行过一次针对人力资源主管与求职者的调查，结果显示：95%的人通过人脉关系找到了合适的人才或工作，而且61%的人力资源主管及78%的求职者认为，这是最有效的方式。由此可见，多数人都不是通过完全陌生的招聘渠道达成目的，而是在有人引荐的前提下发现了这个机会！

为什么朋友逐渐与你疏远了？为何你的交际圈不断地缩小？为何那些决定自己命运的人从来不会在乎你？为何你的事业这几年来毫无突破？……当你冷静地看待这些问题时，你一定能够感到自己的身体在向内不可阻挡地在收缩，蜷成微不足道的一团？这正是气场衰弱的表现，而且是一个很不幸的恶性循环。

怎么办呢？有这样一句话："摘到树上苹果的前提是你足够高大，而不是苹果树谦卑地向你弯腰！那不可能！"改善人脉也是这样的道理，我们不能一味地等着别人发现自己，而要注重调节自己的气场。

毫无疑问，一个具备热情开朗、积极主动等品质的人，其气场自然会经营得日益强大。只要你愿意，你的气场都会在关键时刻帮助你成为人际场的中心人物，就像行星永远围绕太阳运转一样，你的成功之路也会更加宽广、无限！

在纽约一个著名贵族举办的豪华宴会上，斯图坦出尽了风头，他优雅的举止，迷人的言谈，不但令在场的女士们对他倾心不已，而且男士们也都对他抱着极大的兴趣和好感。想认识他，并和他成为朋友。

在这次宴会上，作为美国著名的家具生产商新秀的斯图坦收获颇丰，他征服了整个纽约的上流社会，签下了四十多单家具生意，还找到了他的终生伴侣——一个名叫玛利亚的美丽女子。玛利亚这样描述斯图坦："他不是我心目中的男友形象，但他对每一个人热情、友好的态度，让我怦然心动。更关键的是他身上散发出的一些独特的、说不清的东西，令我心迷神醉……"

但是，谁也想不到，十几年前的斯图坦还只是一个无人问津的小人物。参加各种商聚会时，他总是习惯一个人默默地坐在角落，他感到自己毫无分量，不被人重视，即使偶尔有人打招呼时他也会怯怯地攥紧拳头，想把自己缩起来。

直到后来斯图坦参加了一个职业经理素质培训班，经过老师一段时间的训练和鼓励后，斯图坦开始有意识地"开放"自己，并渐渐地成为了宴会上最受欢迎的人物，金钱和好运也因而向他滚滚涌来。

世界真是无奇不有。一个人的变化就像一片叶子，或许春天还是绿意盎然，骄傲地展示它的美丽，转眼就已是秋天的枯黄衰败，有气无力地垂垂待毙。但是与秋叶的无能为力不同的是，人完全可以积极地寻找到"春天"的出口。

每一个人都有吸引力，每一个方法得当的人都可以找到自己的魅力所在。尤其是当你拥有一个强大气场的时候，你就能够在第一时间内引起别人的注意，这比任何设计精美的名片和长篇大论的介绍都有效。

温和、赞美、真诚、宽容、同情心，通过对这五个方面的加强，你就可以建立足够强大的气场，体现出你真正的魅力所在，成为纵横人脉场上的高手，这也意味着你有机会实现一切美妙的梦想！新的战斗开始了！

02. 拔掉身上的刺

莉娜是某一公司的职员，虽然她是个美丽贤淑的女人，却很少有人喜欢和她做朋友。因为无论是在办公室工作，还是公司搞 Party，莉娜总是习惯安静地坐在自己的位置上，似乎对别人根本不关心。

原来，莉娜曾经被以前的一个同事欺骗过，她因而对同事产生了警惕心理，甚至还有些厌恶。除了自己的上级领导，她在相当长的时期内有意识地拒绝与同事交流。刚开始，同事们还会友善地和莉娜打招呼，但莉娜回应的总是一副冷冰冰的脸色，让对方很没面子。渐渐地，大家也就对这位冷美人敬而远之了。

"我能力很出众，做事尽职尽责，可为什么公司对我的评价差得要命？这倒罢了，可为什么我连朋友也交不到，总感觉被人瞧不起，我内心非常孤独，这到底是为什么？我该怎么做呢？"莉娜焦急地询问心理医生。

心理医生了解了一番情况后，深沉地说："你有没有想过改变一下自己呢？如果你因为某一个人受伤害而将其他所有人都拒之在外的话，是永远得不到快乐的。我想，你应该拿出自己的信任、热忱，请记住这一点。"

后来，莉娜开始尝试微笑着和同事打招呼，热情地帮助别人，慢慢地大家对她产生了一种亲切感，自然而然地就喜欢和她做朋友了。有了好的能力，好的人缘，莉娜很快晋升为小组组长。

在人际场上，不是每个人的气场都是温和的。有一个形象的比喻说人就像身上长刺的豪猪，常常没有缘由就会主动出击，刺痛走近的人。当然，一旦我们刺到了别人，别人也将刺到我们，几乎所有人都有过这样的体验。

人们之所以不喜欢莉娜，正是因为她身上或多或少地存在着软硬不一的"刺"。因为受过某一同事的欺骗，她对所有同事都产生了警惕、厌恶心理，或者还有些敌对。这种"让别人受伤"的还击方式,看上去是保护了自己,但是实际上却会导致气场慢慢消散,即使本来打算走近她、想与她交朋友的人,也会因这种弱气场而却步、敬而远之。这样会很难建立起好的人际关系,要想发展事业也是很难的。

"刺"是一种心理壁垒,我们为什么会产生这些所谓的"刺"? 刺从哪里来? 大体来说,有以下几方面的原因:受过伤害,没有安全感;对自己不自信,自闭而且自卑;极度自大,总认为自己比别人好;对人际规则不熟悉等。

勇于拔掉自己身上的"刺"吧,这是每个人的心理"出口"! 只有这样,我们才有可能找到与他人舒服的相处方式,才有可能将陌生关系发展成熟悉关系,乃至深度关系,才有可能回到正常的心理状态,互相感受对方最真实、最有魅力的气场,以及获得幸福的情感体验。

公交车日复一日地在树木光秃、融雪泥泞的道路上前进,乘客们貌似都没有讲话的习惯,大家一上车或者打开报纸独自看报纸,或者闭目养神,总之彼此之间保持着距离,沉默一路,鸦雀无声。

一天,公交车正在行驶时,突然一个亲切的声音响起:"注意,注意! 朋友们,我是你们的新司机。我想请你们帮一个忙,请你们转过头看看坐在身边的人。"乘客们有些好奇,便全都按照司机的话做了。

司机继续说道,"现在,请你们微笑着跟着我说……"这是一道用军队教官的语气喊出的命令:"早安,朋友!"。

"早安,朋友!"四个字一出口,奇迹出现了。乘客们情不自禁地笑了,一直以来,大家彼此都刻意保持的距离缩短了,有些人又说了一遍后彼此握手、大笑,车厢内洋溢着欢声笑语……

"早安,朋友!"为什么这四个字有如此巨大的魔力呢? 因为这是一句问候语,是亲善感、友好感的表示,更是一种信任和尊重。一旦"早安,朋友"说出了口,就会无形间形成一种亲切、友好的温和气场,人们也就更容易敞开心扉,真诚以待了。

这就是气场的魅力,好的气场不仅会给你营造一份难得的好心情,更是构

筑人际关系、树立良好形象的一种不可或缺的因素。如果你想拥有完美的品格,想积累自己的人际关系,那么,别再做一只长满"刺"的豪猪,请温和地对待别人!

03. 学会由衷的赞美

柯达公司的伊斯曼发明了透明胶片后,电影的摄制获得了巨大成功,同时他本人也成为巨富。为了纪念母亲,伊斯曼准备在罗切斯特建造伊斯曼音乐学院和凯本剧场。

纽约优美座椅公司的经理爱达森得知消息后,非常希望能承包该工程的座椅工程。不过,伊斯曼的日程安排得非常紧张,且脾气又不太好,如果谁要白白占用了哪怕5分钟的时间,他就会决定从此不再和那个人打交道。

当爱达森被引进伊斯曼的办公室时,伊斯曼正忙于工作,他头也不抬地说:"对不起,我时间很紧,你是今天第五个前来洽谈的公司了,请你把贵公司相关的资料留下,如果有需要的话,我会给你打电话。"

爱达森微笑着将资料放在伊斯曼的书桌上,但是他并没有立即离开,而是环视了一番办公室。"伊斯曼先生,我是从事室内木制品经营的,可从来没有见过这么漂亮的办公室。如果我能有这样一间办公室,我一定会特别自豪。"爱达森说。

听到这样的话,伊斯曼抬起头来,他的情绪似乎也受到了感染:"这间办公室是我亲自设计的,我确实非常喜欢。"

"真想不到您还懂得居室设计,而且这么专业。您真是一个聪明的人,怪不得您能干出这么一番大事业来。"听到爱达森的这些话,伊斯曼脸上笑开了花,他兴致勃勃地开始介绍起办公室的英国橡木壁板、自己设计的室内陈列等。

接下来,伊斯曼很自然地从办公室的设计谈到伊斯曼的创业,最后过渡到要修建的剧场。爱达森热诚地恭贺他说，这是一桩古道热肠的慈善义举。一小时，两小时都过去了，他们仍然在谈着，而爱达森最终如愿地获得了自己想要的合同。

每个人都有虚荣心，而满足虚荣心的最好方法就是产生优越感。让人产生优越感最有效的方法是对于他自傲的事情加以赞美。适时的赞美，就像最有效的糖衣炮弹。既能炸开对方的防御堡垒，又能给自己的气场加分。

如果爱达森只是照伊斯曼所说的那样，把资料放下就走的话，伊斯曼估计很难记起他是谁，这场生意很有可能会泡汤了。但是，爱达森以真诚的话语赞美了伊斯曼的聪明才智，使对方由紧张、戒备到轻松、愉快，进而对爱达森产生了亲切感和好感。这种友好、热情的气场，为接下来的交流做了一个良好的铺垫。

这就是赞美的力量。无论你的目标是谁，他都不会拒绝你作为一个倾听者的角色去赞美他。当他在你的赞美声中流露出满足的笑容，感到自己很重要时，你的气场实际上已经在他的眼中放大了！

美国的钢铁大王卡内基，在1921年付出100万美元的超高年薪，聘请到了执行总裁查利斯·施瓦布。许多人不解地问卡内基："施瓦布既没有出众的专业知识，又没有丰富的管理经验，为什么你会选择他呢？"卡内基回答说："因为他最会赞美别人，这也是他最值钱的本事。"甚至，在施瓦布的墓志铭上，卡内基亲自题写道："这里躺着一个人，他懂得如何让比他聪明的人更开心！"

请想一想，你有多久没有赞美身边的同事、朋友或者家人了？或许当你冷静思考之后，你会发现一个极其糟糕的问题——原来自己的人脉越来越差，就是因为缺乏赞美的沟通意识和技巧！

更重要的是，赞美就像照镜子一样，当你经常把赞美送给别人时，你总能换取到对方同样的态度，甚至"意外"的回赠。哪怕有时你的赞美是没有任何利益目的的，你也会给别人留下好的气场，并将在未来的某一时刻因此而受益。

一天晚上，一家大公司发生了一件被盗事件，但盗窃者并没有得逞。提起原因，令所有人感到吃惊：该公司聘用的一位保洁员不顾生命危险，与盗窃者

进行了一场惊险的搏斗,最终使公司没有受到任何损失。

在这样一个拥有数百名下属的大公司里,论地位、论工资,这位保洁员都难以在公司里引起重视;论责任,防火防盗这些事情与一个小小的保洁员也没有直接的联系。然而,是什么让这位保洁员产生了如此强烈的正义感呢?

后来,有人从这位保洁员的口中得知,他之所以会这样做,是因为该公司的总经理每次看到他在辛勤工作时,总是微笑着表扬他把地板打扫得很干净,以后肯定会有所作为的。因此他心存感激,并以此作为回报。

毫不吝惜地赞美是尊重别人的一种表达方式,是建立良好的人际关系的重要方法。所以,平日里我们要尽可能地多留意别人的优点和价值,即便双方之间的矛盾冲突很大,你也要学会寻求共识,并且在合适的时候把这种赞美说出来。

如果愿意,你也不妨把赞美别人当成一种习惯,体贴的亲朋好友、有礼貌的公车司机、认真负责的清洁工……都值得你给予由衷的赞美,而在这一次次的赞美中,你也会将自己塑造得更有气场!

04. 真诚:独一无二的品格

在经营企业的过程中,日本著名的企业家小池一直秉承着真诚的理念。他曾说:"做人和做生意一样,第一要诀就是真诚。真诚就像树木的根,如果没有根,那么树木也就没有生命了。"

20岁时,出身贫寒的小池在一家机器公司当上了一名推销员。由于他态度真诚、热情,工作开展得非常顺利,他半个月内就同33位顾客做成了生意。但是,有一天小池突然发现自己现在所卖的机器比别家公司同性能的机器价格要贵一些。

小池深感不安,他心想:如果客户们知道了这件事情,他们一定会以为是我在欺骗他们，会对我产生怀疑。于是，小池立即带着客户合约书和订单，整整花了三天的时间，逐户拜访客户，如实地向客户说明了情况，并请客户重新考虑之后再做选择。

令小池感到出乎意料的是，这33个客户中没有一个人解除合约。原来，每个客户都感动于如此真诚的小池，他们成了小池最忠实的客户。

与人交往，最重要的是要真诚。正如"诚于中必能形之于外"所说，真诚虽然看不见摸不着，但却可以表现为外在的率真自然、光明磊落，进一步则促使别人敞开心扉给你。通过自己的气场改变别人的气场，这是气场的至高境界。

气场来自于完善的人格，而真诚待人则是赢得人心、产生吸引力的必要前提。在人际关系中，我们与其绕圈子、躲躲闪闪，叫人疑心，倒不如敞开心扉给人看，真诚以待，光明正大，实话实说。

心理学家认为，每个人的思想深处都有内隐闭锁的一面，同时又希望获得他人理解和信任的开放面。然而，这种开放是定向的，即向自己已经基本了解、可以信赖的人开放，对不了解的人，有所戒备。

当你敞开心扉时，你的气场会给对方一种感觉——我信任你！当对方感到自己被信任时，他就会情不自禁地解除对你的猜疑、戒备心理。彼此的沟通没有了障碍，那么你很容易会赢得他人信任，走进他人的心灵深处。如此，你就能获得更多的成功机遇和出乎意料的好结局。

我国著名的翻译家傅雷先生曾说："我一生做人做事，第一是真诚，第二是真诚，第三还是真诚。一个人只要真诚，无论如何别人都不会对你怎么样的。即使别人一时不了解，日后便会了解的。"唐纳·道格拉斯的成功很好地证明了这一点。

为了把一批喷气客机卖给东方航空公司，美国道格拉斯飞机制造公司创始人唐纳·道格拉斯本人决定专程去拜访东方航空公司的总裁艾迪·利贝克先生。

"实话告诉你，你们生产的新型DC-3飞机和波音707飞机是两个竞争对手，但均有一个共同的毛病，那就是喷气发动机的噪声太大，这就是我迟迟不购买飞机的原因。"艾迪·利贝克直言。

　　这是一笔很大的生意，道格拉斯再三请求利贝克再考虑考虑，利贝克见道格拉斯的态度很真诚，便说，"如果你们能在减小噪声方面胜过波音公司的话，我愿意给你们一个机会，考虑签订合同。"

　　拜别利贝克后，道格拉斯立即与工程师沟通，但遗憾的是工程师说以目前的技术来看，噪音已经是控制到最低了。"怎么才能让利贝克肯签订合同呢？欺骗他说自己已经做了改进？还是说一些不利于波音的话？……"一时间，道格拉斯陷入了矛盾之中。

　　当再次见到利贝克时，道格拉斯认真而诚恳地答复说："利贝克先生，虽然我很想和您合作。但是老实说，我们没有办法实现您的要求，希望我们下次有机会再合作吧，我感到非常的遗憾！"

　　谁知，利贝克站起来，友好地拍拍道格拉斯的肩膀说："其实，我早就知道你们无法降低飞机的噪音。我这样做的目的，只是想知道你是否真诚，恭喜你将获得 1.65 亿美元的合同。"

　　真诚比谎言更值得人尊重、信赖。设想一下，如果当时道格拉斯夸夸其谈地说自己公司已经将飞机的发动机噪声降低了不少分贝，或者给波音"下绊脚"，那么一定会直接摧毁他原本可以非常耀眼的气场，恐怕最后只会碰一鼻子灰，空手而归，而且日后也难有立足之地。

　　一个人可以抵挡住形形色色的诱惑，却抵不住真诚的莅临。真诚是人们心底的交流，给人们以和谐与温馨的气场。即便是遇到难以解决的矛盾，如果我们能真诚地为对方想一想，很多问题都有可能迎刃而解。

　　用真诚建立一个让人信任的气场，是赢得人心、产生吸引力的必要前提，是让人脉竞争力可以产生正向循环的关键，妙不可言！

05. 以宽容铺开人脉

当年林肯参选总统时，他的强敌斯坦顿曾想尽办法在公众面前侮辱他，毫不保留地攻击他的外表，故意制造事端使他为难。但是林肯竞选总统成功后，不仅没有对斯坦顿"以牙还牙"、"落尽下石"，反而任命斯坦顿担任与自己共商国是的参谋总长。

消息传出一片哗然，林肯的内阁成员都表示了强烈的反对，纷纷对林肯讲："您选错人了吧，您难道不知道斯坦顿当初是如何诽谤你的吗？如果让他任参谋总长的话，他一定会扯您的后腿，您要三思而后行啊！"

尽管如此，林肯仍然不为所动，他态度坚决地回答："我认识斯坦顿，我也知道他从前对我的批评，但我认为他最适合这个职务。"

斯坦顿闻言，感动不已，对林肯的妒意消散无几。上任参谋总长后，他尽心尽力地为国家以及林肯做了不少的事情，两人成了政治、生活上的好伙伴。众人纷纷敬佩林肯的宽大胸怀和慧眼识才。

过了几年，当林肯被暗杀时，许多颂赞的话语都在形容这位伟人。然而，在所有颂赞的话语中，要算斯坦顿的话最有分量了。他说："这里躺着美国有史以来最完美、最值得敬佩的总统，他的名字将留芳万世。"

在日常生活中，当"对手"出于内心的丑恶，在你背后说坏话、做错事；你亲密无间的朋友，无意或有意做了令你伤心的事情等，那么此时你冷静地想一想，你是要伺机报复，还是宽容为上？

俗话说"天地有容纳之量"。大海之所以纳百川，是因为它渊深；山岳之所以高万仞，是因为它博大。人，正是因为有宽容的美德，才有了云波万里、气势磅礴的气场，才能走进别人的心里，广泛铺开人脉。

纵观历史，古之圣明之君、贤达之臣以及聪慧之士，无不具备宽容的美德。

相反,做人如果缺乏宽容的气场,是很难赢得别人的尊重的,也很难有登上顶峰的实力,最终必将一事无成。

三国时,诸葛亮初出茅庐,刘备深感自己"如鱼得水",而关羽、张飞却另有想法,对诸葛亮冷嘲热讽。诸葛亮毫不在意,仍然重用他们。正是因为诸葛亮有如此恢宏、浩然的气场,最终赢得了关张的尊重和拥戴。如果诸葛亮当初跟他们一般见识,处处计较恩怨,事事争论纠缠,势必造成将帅不和,人心分离,哪能有新野一战和以后更多的胜利呢?

宽容是一种润物细无声的气场,是一种需要操练、需要修行才能具备的气场,是人生难以抵达的佳境。俗话说"兔子急了也会咬人",不懂得宽容别人,把别人往死里逼,害人害已。有这样一个故事:

为争半块苹果,一只黄蜂和一条花蛇在路边厮打了起来。凶狠的花蛇猛地一甩尾巴,差点把黄蜂打得喘不过气来。气极败坏的黄蜂瞅了个空子,一下子飞到花蛇的头部,并紧紧地叮在那里不放。花蛇又痛又痒,不停地摆动头部,想把黄蜂甩掉,但黄蜂丝毫没有飞走的意思。这时,花蛇看到路边的荆棘烧着火,心想,你让我痛苦,我也不让你好死。于是,它一扭身子钻进了大火中,结果花蛇和黄蜂同归于尽。

屠格涅夫说过:"不会宽容别人的人,是不配受到别人宽容的。"的确,只有你宽容地对待别人时,别人才有可能因你的这种气场而改变。这样,就可以避免很多无谓的争吵,为自己、为他人创造一个幸福和睦的生活环境。

一条商业街的南北两面,有两家相距不远的旅店,这两家旅店的住宿条件相当,不过路北的生意要比路南的好很多。路南的经理不知其中的奥妙所在,便特地来到路北旅店,向一位门童讨教秘方。

门童年纪还不大,他挠挠头回答道:"因为我们经常做错事。"正当路南的经理感到疑惑不解之时,忽见一个服务员匆匆从外面回来,走进大厅时不慎摔了一跤。

门童见状赶紧跑过来,一边扶起跌倒的服务员,一边道歉说:"真对不起,都是我的错。没有提醒你大厅刚拖完地,太滑。"

这时，清洁员也跑了过来，满脸诚意地说："不，都是我的错。刚刚把地拖得太湿，让你摔着了。"

摔跤的服务员听后，自责地说："不，不是你们的错，是我的错。都怪我自己太不小心了，给大家添了麻烦。"

看到这精彩的一幕，路南的经理恍然大悟。原来，路北的服务员们宽容大度，一团和气，前来的客人感受到的是欢声笑语、轻松愉快。而自己店的服务员们总是互相指责，抱怨，客人自然就不喜欢光临了。

宽容是各种人际关系中的润滑剂，如果上级与下级之间，同事之间，邻里之间，夫妻之间，朋友之间，甚至是与陌生人之间多一份宽容，那么常常能够使矛盾和纠纷化解于无形，冰释前嫌、化敌为友，这比任何道理的叙述都更有说服力。

海洋之大，非一川之水所能汇成；山岳之高，非一丘之土所能堆积，做人，就应该有山海一样的器量，有宽宏大量的气场。这是人际关系中一个极为朴实的道理，只可惜并不是每一个人都能领悟的到。

06. 换位思考的同理心

刚开发出一次性尿不湿之初，宝洁公司对市场真是信心百倍，简直是志在必得。瞧！多么的方便呀，一次性使用，用后就可以丢掉！大大免去了年轻父母们清洗婴儿尿布的麻烦，而且能够节省时间。

于是，宝洁公司将尿不湿推向市场时，把"方便"作为宣传重点并反复强调。然而，结果令人沮丧。年轻父母们对尿不湿的反应并不像他们预期的那么热烈，更别说在尿布市场上出尽风头了。对此，市场部的工作人员感到大惑不解，为了找到问题的症结，他们展开了一次市场调查。

调查得知，年轻的父母们尽管承认尿不湿的确能够带来一定的方便，然而

由于制造商过分强调"方便"一词，使他们认为好像自己使用尿不湿就是为了图省时省力省心，而不求"质量"，进而普遍产生了逆反心理。

了解这一情况后，宝洁公司立即将产品宣传的策略重心由方便转为高质——该产品质优，比棉布更柔软、更吸水，能使婴儿的皮肤更干燥、清爽！很快，这一重心的转移扭转了父母们对宝洁公司的尿不湿的态度，他们争相开始进行购买。尿不湿在尿布市场上顺利打开了销路，并且风行一时。

这个营销学的故事可能很多人都看过，它所揭示的道理同样适用于人际学。同样的事物，不同的立场会有不同的看法和选择。话不投机、沟通不畅等问题，往往都是由于不同的立场所致。

为了达到沟通顺畅这个目标，人们创造了很多的技巧和方法，但却忘记了大前提——同理心！想一想，没有同理心这个前提，无论你怎么想，不都是你自己的想法吗？你的气场再强、再大，恐怕对对方也起不到丝毫的作用。

在一个牲畜栏里，住着一只猪、一只绵羊和一头奶牛。有一天，主人试图捉小猪时，小猪大声地号叫，猛烈地抗拒。绵羊和奶牛有些不解、有些轻蔑地对小猪说："主人常常捉我们，我们从来没有大呼小叫，你就别再叫了。"小猪听了，解释道："他捉你们，只是要你们的毛和乳汁，但是捉我却是要我的命啊！"

许多著名的心理学家、社会学家在论述做人做事的方法时，都会特别强调"同理心"这个词。有人甚至说："没有同理心，就不可能交到朋友，就不知道什么是成功。"那么，到底什么是同理心呢？

同理心是一个心理学概念，简单地讲就是站在对方立场上思考问题的一种方式。具体来讲就是在人际交往过程中，能够体会他人的情绪和想法，理解他人的立场和感受，并站在他人的角度思考和处理问题的能力。

同理心是人际交往的基础，是进行有效沟通的基石，也是形成个人气场的"催化剂"。如果能实现这一步，你往往已经实现了掌握人际交往的主动权，你的气场已经开始闪闪发光，吸引着对方主动向你靠拢！

也就是说，换位思考的同理心能使你的气场变成了一个磁场，会把和你个性相同的人或情况吸引到你身边。因为你对其他人的所有作为，以及你的思想，都是站在对方角度上考虑，所以很容易被对方理解、接纳。

有一个年轻的女孩子一心想学发艺，几经周折后，她花高价拜了一名京城最受欢迎的理发师为师。女孩子很有上进心，她学得很用心，进步也很快。不到三个月，她就被师傅安排上岗了。

给第一位顾客染发时，由于紧张、粗心，她居然拿错了颜色。给顾客染完发后，女孩才发现，顾客非常恼火地嚷嚷道："哎呀，我想要葡萄红色，你怎么给我弄成了黄色了啊！"女孩不知所措地站在那里。

这时，师傅闻声赶过来，了解情况后，再三向顾客道歉，并表示不收费，顾客哼哼了几下就不出声了，欣喜而去。女孩忐忑地等着师傅批评。可是，师傅只是说："万事开头难，如果我是你的话我也会特别紧张，也有可能会出错，不过我会保证以后不再发生这样的事情。"

尽管师傅没有批评自己，但女孩却深深地认识到自己的错误，从此她做事认认真真，而且越发刻苦学艺。日复一日，她也成为了一名深受顾客喜欢的理发师。"如果我是你……"成为了她的口头禅。

一个人能够换位思考，就不会老是把自己的观点表达出来，而会时时想到别人是处于什么样的状况，别人是如何思考问题的。当你能够用别人的方式来思考一个问题时，你的气场就形成了，你说的话会更有说服力，你将更容易受到大家的欢迎和信任。

假如我是他的话，我会怎么办、怎么想、怎么做？如果你能事事这样想，那么你的气场必然会吸引一群忠实的"粉丝"，相信你的人际关系也必将少了争吵，多了理解；少了矛盾，多了和谐。

※ 第15章 "和气"构建家庭和睦 ※

世界上有一种很美丽的语言，它不需要你夸夸其谈，更不需要你画蛇添足去粉饰，但它却能传递给别人最珍贵、最奇妙的气场，那就是和气。这种气场产生在一刹那间，就能够给人留下永久的记忆。平和欢愉的微笑能制造迷人的气场，让对方自然而然地感到亲切温暖，获得美好的心理感受。

01. 让微笑成为你的招牌

一个有万贯家财的富人，有着一栋气派十足的豪华住宅，四周是一片翠绿宽广的草坪，其间还有花园、网球场以及游泳池，但是他每天却寝食不安，愁眉不展，因此家人也都闷闷不乐。

有一天，富人去乡下旅游，他看到一家做豆腐的穷夫妇，他们穷的只剩下光秃秃的四面墙了，每天需要从早忙到晚，不停地做豆腐、卖豆腐，但是他们脸上常常挂着微笑，孩子们也在笑声中玩耍。

富人觉得很奇怪，便非常不解地问穷人："你们这样穷、这么累，为何还这么快乐？"

穷人放下手中的活，回答道："经常苦着脸，一副苦大仇深的样子，对处境并不会有任何的改变。相反，如果微笑着去生活，不仅全家人容易快乐，顾客也更乐于跟你交往,你得到的机会也会更多。"

富人怔住了,惊诧不已,他对自己说:"从此以后,我也要把微笑当做寻常的事情。"两个月来,他每天早上都对妻子、孩子、佣人微笑。结果怎么样呢?微笑改变了他的生活,家里的每一个人都对他报以微笑。从此,他富有、快乐,并拥有幸福。

世界上有一种很美丽的语言,它不需要你夸夸其谈,更不需要你画蛇添足地去粉饰,但它却能传递给别人最珍贵、最奇妙的气场,那就是微笑。这种气场产生在一刹那间,却给人留下永久的记忆。

英国诗人雪莱说:"微笑是仁爱的象征,快乐的源泉,亲近别人的媒介。有了笑,人类的感情就沟通了。"确实,平和欢愉的微笑能制造迷人的气场,让对方自然而然地感到亲切温暖,获得美好的心理感受。

微笑是有益的,也是必需的。试想,如果你表情始终如一的漠然、平淡或凝重,那么你的表达就没有变化和差异,就没人爱听或爱看,还谈何气场?达·芬奇的"蒙娜丽莎"之所以有着超越时空、震撼人心、征服全世界的气场,正是因为蒙娜丽莎那若隐若现而又弥漫神秘的笑意。

微笑是可以修炼而成的,但真正能够制造气场的微笑一定是发自内心,不卑不亢,既不是对弱者的愚弄,也不是强者的奉承。装模作样或矫揉造作的微笑是虚伪的,虚伪的微笑无法让别人体验到自己的吸引力。那一刻,这些人的气场是虚弱的、冷冰冰的!

如何产生发自内心的微笑呢?其实,只要你愿意随时都可以。比如,你可以想象一些开心的事情,像一部电视片一样对自己播放;穿一件自己喜欢的衣服,有意地自我打扮一番;多和自己说"今天我很开心"、"我的微笑很迷人"之类的话,不断地对自己进行积极的自我暗示。

这样的微笑,无论何时何地都可以形成气场,跟贫富、地位、处境等都没有必然联系。而且具有如此微笑的人一般会有下列一些人格特质:直率又善良的气质、容易感到满足、拥有一颗谦虚的心、对别人有强烈的同情心等。

李铭是一位旧书摊主,虽然他看上去满脸疲倦,生意也不都是很好,但每

一位从他书摊前经过的人都会看见他脸上始终挂着一种温暖而平和的微笑。

他是一名下岗工人,更不幸的是妻子又遭车祸,至今仍躺在床上。

王刚是李铭的一位老顾客,他是某一企业的部门经理,妻子也在事业单位上班,但是两人回到家脸上总是冷冰冰的,三天一小吵五天一大吵,日子过得很不平静。王刚不明白自己为什么过得不如李铭快乐,便萌发了去他家看看的念头。李铭得知后,微笑着说:"欢迎,欢迎。"

李铭家很狭窄,他说自己本来有套宽敞的住房,但为了妻子的医药费而换给了别人。刚一进门,王刚就被他妻子的一张笑脸所感动。从这张笑脸上根本找不到那种重伤在身,贫困交加的人所表现出来的厌世、焦躁、淡漠与敌视的神情。那张脸虽清瘦苍白,但洋溢出的微笑却如花般灿烂,鲜丽,使整个房间弥漫着一种醉人的温馨。

李铭好像完全不顾忌王刚这个外人在旁,他坐在妻子身旁,微笑着问她今天过得怎么样、好点没有,他妻子也微笑着抚摸着他的脸,问他累不累,那情景让人羡慕而感动。王刚不自觉地笑了,此刻他觉得温暖而平和。

微笑是一种无穷的力量,是一种可以创造气场的不可忽视的力量,是让自己开心、别人快乐的秘密武器。正如卡耐基所说:"微笑,它不花费什么,却创造了许多的成果。它丰富了那些接受的人,而又不使给予的人变得贫瘠。"

微笑能创造奇迹,使陷入僵局的事情豁然开朗。当面带真诚的、发自内心的微笑去生活时,你的气场就会很足、很足。如果你感觉到了,那么从今天开始,请保持你的微笑吧,并让它成为你永久的招牌。

02. 闭上那只挑剔的眼睛

我有个朋友，结婚后一直在家里做全职太太，这一做就是 10 年。她是一个典型的贤妻良母，爱干净、爱整洁，每天都把家里收拾得整整齐齐。不过，丈夫和儿子对她却不太满意，因为她总是想办法改变这对父子兵。

"哎呀，这个沙发罩我刚刚洗过的，又弄脏了！""我最不喜欢烟味了，你一直说戒烟怎么还不戒！""写完的作业别搁在书桌上，睡觉前要认真整理好书包！""衣服一天一换都不干净，你在学校就不能少玩会？""别人为什么能考 100 分，你就考 96 分？"……

渐渐地，朋友的丈夫和儿子的确改变了不少，爱干净、爱整洁，可她更不满意了，因为父子俩对她的态度很冷淡。朋友不知道自己做错了什么？

听过她的诉说，我便清楚地知道，是她过于挑剔的性格给家里制造了消极的气场。在沉闷、压抑的环境中，家人当然不会开心，会对她产生反感。这个道理和我们在单位中上班是一样的，如果氛围好，大家都开心；如果氛围不好，那么一个比一个脸色更难看。

金无足赤，人无完人。我们都是凡人，也都有人性的弱点，不可能把所有事情都做得十全十美。可惜，人们的思维观念却又常常与这一真理背道而驰，认为人不能有"毛病"，要做到"尽善尽美"，特别是对朝夕相处的家人。在生活中，一个人如果对家人太过较真儿，横挑鼻子竖挑眼，事事求全责备，势必会影响家庭关系的和谐。

做人不要太挑剔，对家人更不要"至察"。只要做到明察他人但不计小过，强大的气场就会扑面而来。这种气场有利于彰显你宽大的胸襟，有助于你欣赏到他人的优点。每一个人都渴望别人的欣赏，欣赏是人与人之间的理解和沟通的桥梁，也包含了信任和肯定，这样家庭关系才会趋于和谐。

　　世间万物有好的一面，又有坏的一面，关键在于你从哪个角度去看。生活是一面公正的镜子，以欣赏的眼光看待事物，它就呈现美丽。比如，世界名作维纳斯不正是因为缺少了双臂，才产生了震撼心灵、千古流传的气场吗？

　　生命的色彩只会在欣赏的眼神中寻找契合，所以当你摈弃那些偏见、种种厌恶，用欣赏的眼光看待这周围的一切时，你与他人之间就营造出了一种和气的氛围，而你由内而发的温和气质也自然成为最有吸引力的气场。

　　当你的孩子学习没有别人出类拔萃时，不必责备，只要他有欢快的笑语，活泼的身影就好，健健康康成长最重要；当你的另一半事业无成的时候，你不必埋怨，不必唠叨，只要他为你和孩子尽心竭力地付出就可以了……当你把责备和消极的态度转变为和气的时候，也许事情就会朝着你所期待的方向发展了。

　　《菜根谭》中说："地之秽者多生物，水之清者常无鱼；故君子当存含垢纳污之量，不可持好洁独行之操。"君子应该有容忍世俗的气度，以及宽恕他人的雅量，当你开始这样想的时候，当你试着这样做的时候，你距离最强大的气场就又近了一步！

03. 聆听，爱的最高表现

　　林肯白宫办公室的门总是开着的，任何人想进来谈谈都可以，林肯不管多忙也要接见来访者，不管他们是政府官员、商人，还是普通市民，他甚至还经常走出办公室到民众中去。他说："我把这种方法叫做'民意浴'，我很少有时间去读报纸，倾听民众是搜集民意的一种好方式。"

　　为了更好的搜集民意，林肯在白宫外面度过的时间要比在白宫多。他常常不顾总统礼节，在内阁部长正在主持会议时闯进去；他不愿坐在白宫办公室等待阁员来见他，而亲自去阁员办公室，与他们共商大计。每次和人谈话的时候，林肯总是专注的注视着对方，专注于聆听对方的话语。

谈起自己的"民意浴"，林肯曾感慨地这样说："虽然民众意见并不是时时处处都令人愉快，但这种倾听让我获得了来自各界的声音，不仅缩短了我与人民的距离，加深了彼此的感情，而且激发了人民参与国事的主动性和积极性。总的来说，其效果还是具有新意、令人鼓舞的。"

哪里有民众，哪里就有林肯。正是因为懂得倾听，林肯做出了许多符合大众民意的政策，有力地推动了美国社会向前发展，受到美国人民的崇敬。在美国人的心目中，他的威望甚至超过了华盛顿！

上帝仅仅赋予了我们每个人一张嘴，却同时给予了我们两只耳朵，这是在委婉地告诉我们：永远不要忘记倾听。能否认真地倾听别人的倾诉，往往决定着你的气场、你对他人的吸引力和凝聚力是否足够强大。

能够静坐聆听别人意见的人，必定是一个思想深邃、谦虚温和的人，他能够吸取别人的思想精华，对自己的气场重新进行改造，并且产生脱胎换骨的变化，活力四射，光彩照人，将别人吸引到自己身边。

善于倾听，不光是对外交际的高贵艺术，更是对内持家的难得法宝。真正的倾听，意味着把注意力放在他人身上。美国领导学专家史蒂芬·柯维博士说过："当我在倾听你时，我的脑海中只有你，让你感觉到自己被了解、被需要、被重视、被欣赏、被接纳，也就是让你感觉到被爱。"

有一位全职太太，跟丈夫结婚十年了，有两个孩子。在物质上她是很富裕，可是她却感觉婚姻太没有意思了。她告诉心理咨询师，孩子住校了，家里只剩下她和先生，最痛苦的是没有人和自己说话。

她的先生是一家企业的老总，每天8点来钟出门，晚上9点才回来。以前先生一回到家，她就开始一个人喋喋不休地说，如今天看的电视剧、新学会的发型以及漂亮的衣服，根本不给先生说话的机会。等先生真的不再说什么时，她一个人再说话也就没有意思了。后来，两人干脆你看你的杂志，我玩我的游戏，就像陌生人一样，各干各的，互不干扰。

"为什么不主动听听您先生的想法呢？"心理咨询师建议道。此后，晚上先

生回到家后,太太主动迎上去问:"今天工作累不累?有没有遇到什么问题?"丈夫愣了一下,然后兴致勃勃地跟她聊起了天。那是一个很愉快的夜晚!

不管爱的定义有多少种,它都是以对方的需求、存在、立场、价值为出发点的,而不是以"我"的需要为出发点。凡是能够倾听你的人,一定是信任你的,或者说喜欢、欣赏、爱你的,倾听是爱的最高的表现。

我们每个人都需要呼吸,无论身体还是心灵。当你倾听一个人谈话的时候,分享他内心情感的时候,你就给彼此的心灵都注入了新鲜的氧气。如此,你也就具备了强大的气场,变得富有吸引力。

倾听你的爱人,分享其快乐,用体贴化解其烦恼;倾听你的双亲,排解他们内心的孤独,让他们感受到儿女的那份孝敬之情;倾听你的孩子,以朋友的姿态感知那颗心灵,给予他们前行的信心……

有一种感觉也叫幸福,就是被人信任的感觉。乐于倾听、学会倾听、善于倾听,可以帮助你发现别人的内心到底在想什么,可以让你变得更聪慧、更理智,充分彰显人格的魅力和力量,气场更加强大,更加富有吸引力。

04. 你用什么影响孩子

美国第一任总统华盛顿的父亲奥古斯丁他深明事理,办事认真而果断,治家严谨又十分地慈祥。华盛顿经常按照父亲的叮嘱来规范自己的言行,父亲的教训和榜样让他在不知不觉中培养了良好的品格。

由于喜爱花草树木,奥古斯丁亲手在自家的花园里栽了几棵樱桃树。在他的精心料理下,那几棵樱桃树长得枝繁叶茂。一天,父亲出去了,华盛顿皱着眉头来回打量着这几棵樱桃树,好奇小小的种子,怎么没多久就长那么高了呢?是不是有什么"宝贝"。于是,他提了一把斧头,来到树前"咔嚓"一声把樱桃树砍断了。然后,用小刀急切地在树干里拨呀、找呀,但始终没找到什么"宝贝"。

"是谁砍断了我的树？我要拧断他的脖子。"家里的人听到奥古斯丁的怒吼，全都跑出来了，他们纷纷摇头说不是自己干的。华盛顿吓坏了，也想摇头说不知道，但是他想起了父亲平时教导自己要做一个诚实的孩子，便承认是自己。

谁知，父亲的怒容消失了，他亲切地拉过华盛顿说："孩子，你不必害怕，虽然你损坏了樱桃树，但我不会打你的。因为你这种对错误勇敢承认的态度，比爸爸心爱的樱桃树要珍贵千万倍！"

当华盛顿开始踏入社会后，他牢记着父亲的教导，时刻严格地要求自己。这种品质在他伟大的事业中起到了不可估量的作用，为他创造出一个又一个奇迹，华盛顿最终赢得了美国人民，乃至全世界人民的尊敬。

华盛顿为什么敢冒着被父亲暴打的可能承认自己所犯的错误呢？毋庸置疑，这是父亲的气场起了作用。他对于自身修养的重视，身上所具备的气场，在不知不觉之间都传递给了华盛顿。一声亲切的问候是对人对己的尊重，一个会心的微笑是对他人的友好和赞许……若希望孩子有所作为，做父母的自己就应该保证有积极的气场，然后用自己好的气场去影响孩子。

有些父母教育孩子时，最经常的做法是"按照我所说的去做，而不要按照我所做的去做"，但孩子们往往会在心中嘀咕："与其叫我按照你们所说的去做，不如你们自己做一次，然后我便会照着做。"其最终的结果是，孩子依然我行我素，双方身心疲惫。

其实，"近朱者赤，近墨者黑"，父母是孩子最直接的模仿对象，是孩子的第一任老师，其言行会对孩子起到很大影响。父母什么气场，孩子就什么气场。如果你的气场萎靡不振，孩子受你的影响，气场只会日渐衰弱。这正是气场的传递效应！那些要孩子忙学习，而自己却忙于打麻将的家长，叫孩子心理如何能够"平衡"呢？即便孩子不说，那嘈杂的环境、污言秽语的谈吐，怎么不影响孩子的气场？

父母应当有这样一种心态，即看到孩子身上的气场不足时，不能一味指责孩子，首先应该反思自己，反思自己的气场是否有欠缺。如想一想自己做人是否比

较"含蓄内向"，自己是否经常言行不一致，自己是否对小事比较"马虎"等。

言传身教所产生的强大气场，其感染力比任何鲁莽的教育和激烈的冲撞都更有作用，让我们共同努力，用特有的气场，去吸引和教育我们的孩子！当然，这不是一蹴而就的事情，我们不仅需要持之以恒，还要时刻进行思考和学习。

※ 第16章 "淡然之气"体味安适的生活 ※

没有淡然之气,气场就是灰色的、极度散乱的,这样就无法体验到自我价值所在和生活乐趣,周围的人也无法体验到你本身的吸引力。相反,有了一份淡然的心境,就一定会气场饱满、魅力四射。气场本身就在我们的体内,只要你愿意,就一定能够充分地激发出它的全部力量!

01.目标专一才有竞争力

上世纪80年代,有一位在国内有一定影响力的花鸟画家,他16岁时就举办了个人画展,其多幅作品被选送至日本、意大利、美国、法国、前苏联等国展出,被誉为"画童"、"小天才"。

一次画展招待会上,有人问画家:"现在的画家很多,你是如何从众人中脱颖而出的呢?期间的过程是不是很不容易?"

画家微笑着摇摇头,回答:"一点都不难,而且我差一点当不了画家,小时候我兴趣非常广泛,也很要强。画画、游泳、拉手风琴、打篮球,必须都得第一才行。这当然是不可能的,有段时间我心灰意冷。"

众人都很好奇,画家解释道:"老师知道后,找来一个漏斗和一捧玉米种子。让我双手放在漏斗下面接着,然后捡起一粒种子投到漏里面,种子便顺着漏斗滑到了我的手里。老师投了十几次,我的手中也就有了十几粒种子。然后,

老师一次抓起满满的一把玉米粒放在漏斗里面，玉米粒相互挤着，竟一粒也没有掉下来。"

顿了顿，画家接着说道："经老师提点后，我放弃了游泳、篮球等，这大半辈子都只坚持学习画画，这也许就是我画画比较好的原因吧。我想，如果我当初什么都学习的话，可能现在我什么都不是。"

有的人做了一辈子事儿，却没有一件能让人记住的；但有的人一辈子只做了一件事儿，就让人记住了。成功其实不是什么难事儿，一辈子做好一件事儿就足够了。如果什么都想做，经常被其他诱惑所动摇，经常改换目标，见异思迁或是四面出击，往往不会有好结果。我们的时间有限，精力有限，不能打造自己的核心竞争力，气场便很难维持在最佳状态，忽弱忽强。

相反，有个专一的目标，能够帮助你在一个特定的空间居于中心位置，不会被边缘化。专注于这个特殊的领域，没有太多私心杂念，是成功道路上站稳脚跟的基础。比如，"中国航空发动机之父"吴大观、"两弹一星"功勋奖章获得者钱学森、世界"杂交水稻之父"袁隆平、中国计算机汉字激光照排技术创始人王选等，正是因为倾其所有、扎扎实实地做好了一件事情，他们的气场才呈现出了闪亮的颜色、魅力四射。

当然，你的目标应该是大事情、高标准，有着方向性、激励性作用，既是人生的结果又是人生的目标。一个人就算没有学历，没有工作经验，但只要有一项特长，一处与众不同的地方，他的气场也能像一支聚光的手电筒，照到脚下的某一片土地，得到社会的承认，拥有其他人不能获得的东西。

有这样一家人，男的是一名普通的中学教师，平时喜欢翻看经济类杂志；女的开着一家礼品店，售卖玩具、饰品以及鲜花等，生意平平；儿子在一所中学读初三，学习也很一般，也没有得过一次奖。总之，这一家人都是普通人，过着普通人的日子。

一次，男的偶然看到一篇介绍世界五百强大公司的文章，发现这些大公司几乎无一例外地开着专业店。男的想：是不是心无旁骛地做一件事，更容易成为强者？有了这一认识之后，他有些心动了，便开始调查周边的市场。

一天晚上，他对妻子说："以后不要再进玩具、饰品之类的东西了，全进鲜花，有多少品种进多少品种，看看会怎么样。"也许是他发现了天机，也许"从一而终"的做法本身就蕴藏着天机。总之，一家航空母舰式的鲜花店出现了，所有做鲜花批发和销售的人，都直奔这家鲜花店而来，男人成了有名的"鲜花大王"。

几年后，男人成绩平平的儿子也出国去了美国。很多人以为是他有钱了，送儿子去美国自费留学，实际上他的儿子是要去工作。男人解释道："儿子高考成绩很差没有考上大学，但是他英语学习得比较好，我便专门给他聘了一名英语老师继续学习。在一次外企招聘中，儿子因英语好被聘用了。"

找一个能充分发挥能力的平台，专注地做好一件事。当你为之努力时，气场神奇的光环就会在你的身上闪动，你总会有一个领域和空间找到自信的感觉，而且不少人会拜倒在这种令人眩晕的魅力之中。

02. 放开内心绷紧的弦

玛丽是一位专职太太，她需要照顾全家人的起居饮食。面对买菜、煮饭、洗衣、打扫房间、带孩子等家常琐事，她总是暗示自己：情况紧急，必须立即做完每一件事。她从早到晚忙得腰酸背疼，却总有做不完的事。

一个雨天，儿子洛克放学回家后，把雨伞和鞋子换在门后，坐到沙发上，打开了电视机。"哦，天啊，你看你做了什么，地板上好多水渍，我要赶快把它擦干净！"玛丽从厨房走出来，就要冲向门后。

"妈妈，请您休息一下吧，外面还在下雨，爸爸一会就回来了，那里还是会变得一塌糊涂的。待会再做哪些事情不会影响什么的，现在您可以和我一起看看电视、聊聊天吗？"洛克说。

"天啊，还有那么多活要做呢，我哪有时间陪你？"玛丽无奈地耸耸肩，但看

到洛克乞求的眼光，她还是坐了下来陪儿子看起了动画片，直到丈夫回家，大家又坐在一起吃饭、聊天，然后玛丽稍稍打扫了一下就去睡觉了。

躺在床上的玛丽感到从没有过的快乐，好像以前那些做不完的家务活都变轻松了，一切都变得不一样了，到底什么改变了呢？她也不知道，但是从此，洛克有了一个不再那么匆匆忙忙的妈妈。

到底什么改变了呢？我们在前面反复强调过，气场是由内而发的一种气质，当玛丽内心充满焦虑和烦躁的时候，她的气场就是紧张而有压迫感的，她给人的感觉就是心浮气躁的。后来，她陪着洛克看看电视，放松了内心紧绷的弦，她的心情变得轻松了，气场也变得积极了，在她的影响下，整个家庭的氛围也变得和气而温馨了。

不得不承认，太过于急于完成、心浮气躁的人，气场就是灰色的、毫不自信的，且极度散乱，他们难以体验到自我价值的所在和生活乐趣，周围的人也无法感受到他们的吸引力。这样的人没有任何抵抗力和竞争力，可以说一触即溃。

有位年轻人到河边去钓鱼，他的旁边也坐着位垂钓的老人。二人的距离很近，但是，令年轻人奇怪的是，老人家不停地有鱼上钩，而自己一整天都没有什么收获。最终，他终于沉不住气说："我们两个人用的鱼饵相同，地方一样，为何您却能钓到，而我却一无所获？"

老人很从容地说："我钓鱼的时候心平气和，忘记了有鱼，所以手不动，眼也不眨，鱼不知道我的存在；而你心里只想着鱼吃你的饵没有，连眼也不停地盯着鱼，见鱼刚上钩就急躁，心情烦乱不安，鱼不让你吓跑才怪。"

生活中的很多事情就如等待鱼竿附近的鱼一样，你完全没必要紧张，而是要慢慢来做，而某些事情你也完全可以如此。在大多数情况下，人们是在自造紧张情绪。

我们要学会放开内心绷紧的弦，无须去苦苦苛求自己，让自己清闲下来一段时间。这样，你就能够营造自己理想中的生活，展现自己理想中的自我，气场就可以完全恢复正面积极的运转，向外辐射强大的力量了。

一个牧师在布道词里讲了这样一个故事：

上帝给我分派了一个任务，让我牵着一只蜗牛出去散步。于是，我就照做了。在途中，我尽管走得很慢，蜗牛尽管已经在尽力地爬，可每次总是才能挪动那一点点距离。于是，我开始不停地催促它、吓唬它、责备它。蜗牛也只是用抱歉的眼光看着我，仿佛说自己已经尽力了。我恼怒了，就不停地拉它，扯它，甚至想踢它，蜗牛也只是受着伤，喘着气，卖力地往前爬。

我想：真是太奇怪了，为什么上帝要我牵一只蜗牛去散步呢？于是，我开始仰天望着上帝，天上一片安静。我想，反正上帝都不管它了，我还管它干什么，任由蜗牛慢慢往前爬吧，我想丢下他，独自往前赶路。我就放慢了脚步，想将它放下，静下心来……咦？忽然闻到了花香，原来这边有个花园，我感到微风吹来，原来此刻的风如此温柔，心是如此的安静……而我以前怎么都没有体会得到呢？

此时，蜗牛正友好地看着我，它现在貌似很喜欢我这个朋友。我突然想到，莫非是我听错了上帝的话，原来是他叫蜗牛牵我来散步的……

想使自己停下来吗？如何去做到呢？你可以这样去做：每天抽出一个小时，并努力让自己心平气和地坐下来，舒缓情绪、放松神经，不刻意去思考什么内容，尽量使自己的思维维持在一种似有似无、天马行空的感觉里，或者集中精力听一种声音，比如钟的嘀嗒声。

记住，你必须要将"还有那么多事情等着我去干"、"这样分明就是在浪费时间"等念头从大脑中赶走，如此你就可以随意控制自己的心理活动，打开那扇气场的大门，进而体会到这一小时的时间是如此惬意。只要重新找回气场，你就可以很从容地去处理各种事情，不再有逼迫感或挫折感。

当然，你可以逐渐地延长空闲的时间，每天两个小时，三个小时等。一旦养成了习惯，气场会时刻释放出全部的能量，让你从那种时刻都紧张的情绪中解脱出来，使头脑得到彻底地净化，将五彩缤纷的人生果实吸引到你的身边！

03. 不争第一

白岩松从一名平面媒体记者转行做电视节目主持人已经十余年，也许他从没有想到自己可以在这个领域达到如此的高度，而伴他一路前行的信念也许就是凡事并非强求强争，懂得放弃与转身。

他曾说："第一是不靠谱的，随时会更迭。不争第一不意味着不努力，只是不要费尽心思非要争第一。就像长跑一样，长跑最后能取得很好成绩的人，不一定一开始就领跑，但是必须让自己保持在这一方阵之中，最后比的是韧性和耐力。"

对一个做了很长时间电视节目的主持人来说，最重要的是能够时刻保有继续向前走的动力和勇气。而十几年来，白岩松就一直以长跑选手来定位自己，不因一时荣誉而不知所以，也不因一时打击或挫折而如临深渊。只是扎实、坚定地跑好每一步，时刻调整好自己的节奏，从而获得了游刃有余的人生。

当一个人很难获得真正的成就感，无法得到心理上的舒适、安宁感时，这就意味着他的气场处于内外相斥的状态。能够超然其外、成功突破这种状态的人极少，而它恰恰是导致人生陷入平庸的原动力！

人们总是习惯于为第一而奋斗，因为第一意味着鲜花和掌声，意味着荣誉和尊严，但他们却没有认真地想过，第一的诱惑总在眼前，于是就将永远向前，身心皆被驱使着，生命可能就会变成劳役；当了第一的人尝尽众人之上的滋味，如果有所下落，感受的可能就是心理失衡。执迷于第一，可以说是一个人内在气场虚弱的表现。他试图在与他人的比较中，满足自身的虚荣心或者建立生命价值感的时候，事实上表明他并不清楚自己的价值重心在哪里。这个世界之所以遍地平庸，强者少之又少，原因就在于此！

著有《人间菩提》、《静思语》的台湾证严法师曾讲给这样一个故事：有一次，我和父亲在河边散步，恰巧看见一群鸭子在水中嬉戏，于是父亲借机对我说："孩子你看到了吧？每只鸭子在水面上都游出一条属于自己的水路，大鸭游出来的水路，是大路；小鸭子游出来的水路，是小路。每只鸭子都有自己的路，而且小鸭也能够像大鸭一样，从河的此岸到达河的彼岸。"

放轻松一点吧！每个人都有属于自己的路，不必羡慕别人所走过的路。我们都是和自己赛跑的人，人最大敌人不是别人而是自己。况且，这是一场人人皆参赛的"龟兔赛跑"，谁跑得快或慢，不到最后一秒钟谁也不知道谜底。站在第一位置的人不一定是胜者，更多的时候是第一总是一时的风光，却睹不来一世的顺畅。

追求更好强过追求最好。找准自己的方向，并选择一条适合自己的路，做"拨开云层见天日"的努力才是最好的人生。

在桶装水市场领域，广东乐百氏集团不是"老大"，甚至说还很年轻，但它却在短短的几年内创造了令世人瞩目的成绩，在很多城市和地区，乐百氏饮用水被认是健康、美味和营养的象征。这与它只与自己比的经营理念分不开。

2000年初国内桶装水市场正处初级阶段。由于门槛较低，许多不具备卫生设备条件的小企业、家庭作坊也纷纷涌入，当时康师傅进行了大规模的降价促销，每瓶不足0.66元，抢占了市场终端。

为了与康师傅一决雌雄，许多桶装水厂家也纷纷降价，但是乐百氏集团却认识到市场上的桶装水普遍存在不卫生等问题，他们没有急于投入价格"战争"中，而是返回到源头，重视自己本身的质量问题。

他们选用优质水源地、采用欧洲先进的制水设备、选用卫生的食品级PV制桶材料，凸显了自己的高品质产品形象。很快，乐百氏在激烈的市场竞争中杀出一条销路，并确立了高品质的市场形象。

"不与别人争，只与自己比。"这是乐百氏团队在创业十年间所沉积和升华的企业文化的核心，是乐百氏不断成长、走向成熟并获得跳跃式发展的源泉，也是学习型组织实现自我超越的动力。

与人无争、与己有求。只有学会和自己赛跑时，你才能为自己制订适宜的

目标,找到真正属于自己的位置。当清楚地看到自己的成果时,你的成就感会更大,你会成为一个拥有强大气场的人。

和自己赛跑的方法有很多,最常用的纵向比较法。时常回头看看从前的自己,拿现在的自己和过去的自己比较。你的工作比过去更称心吗?你的生活比从前更美好吗?你的身体比过去更健康吗?你的家庭关系比从前更和谐吗?

找到自己的价值所在,无论何时都充满自信,这就是我们追求的一个人的真正魅力。他不是完人,但却可以成为某一方面的强人,称得上人生的优胜者,能展示出独一无二的、最大化释放的气场。

04. 顺其自然,随遇而安

后院的草地上一片枯黄,小徒弟看在眼里,就去买了一包菜籽回来播种。起风了那些草籽被风吹的满地都是,小徒弟既着急、又苦恼地跑进屋对师父说:"师父,我想往土地里种些草籽,但许多草籽都被风吹走了!"

师父忙着手里的活,笑着说:"没关系,吹走的草籽多半都是空的,即便撒下去也发不了芽。担什么心呢?随性!"

草籽撒上了,一群小鸟飞来了,在地上专挑饱满的草籽吃。小徒弟看见了,又惊慌地跑到师父面前说:"不好了,撒下的草籽都被小鸟吃了!这下完了,明年这片地上就没有小草了。"

师父喝了一口茶,慢悠悠地说道:"没关系,草籽多,小鸟是吃不完的,你就放心吧,过不了多久,这里一定会有小草的。随缘!"

徒弟对师父的回答很不乐意,晚上睡在床上想,那些草能不能活下去呢?一会儿,又听到外面响起了雷声,一会儿就下起了大雨,他的内心更急了,暗暗担心自己种了一天的草籽到最后什么也没有了。

第二天早上,徒弟早早跑出了屋子,果然地上没有一颗草籽了。于是,他马上跑进师父的房间里说："师父,不好了,昨晚上的一场大雨把地上的草籽都冲走了,怎么办呀?"

师父不慌不忙地说："不用着急,草籽被冲到哪里就在哪里发芽。随遇!"

不久,许多青翠的小草果然破土而出,原来没有撒到的一些角落里居然也长出了许多青翠的小草。

徒弟高兴的对师父说："太好了,我种的草长出来了!"

师父面不改色地点点头,说道:"恩,随喜!"

俗话说:人生不如意之事十有八九。在这个世界上,所有的人都不可能一帆风顺,事事如意,当被不顺心的事情萦绕时,我们很多人会产生郁闷、焦虑、激愤甚至茫然无措、消极逃避等情绪。如此一来,在潜意识中你的防卫心理会迅速壮大,它心门虚掩,随时准备关闭,将你关在内心的黑暗世界。你与自身的气场是分离的、陌生的、各行其道的,如此又怎么可能主宰自己、成为别人眼中的主角?

任何事情都有其规律,与其百般思量,不如顺其自然、随遇而安,你会发现即使事情不照自己的计划进行,地球也会照样转,生活也照样继续。有时候,反倒能够"柳暗花明又一村"。

有一次,凯本从偏远的农村搭车回城,车到途中,忽然抛锚。那时正值夏季,午后的天气,闷热难当。

汽车在烈日炎炎的公路上停滞不前,着实让人着急。凯本一看当时的情境,就知道自己再着急也没有用,无论如何都要慢慢地等到车子修好才可以继续向前。他下车询问司机得知车子修好要用三四个小时时,便独自步行到附近的一条河边游泳去了。

河边清静凉爽,风景宜人,在河中畅游了一番之后,凯本感到浑身的暑气全消、心清气爽。等他愉快地游泳回来后,车子已经修好了,此时已经将近黄昏。凯本搭上车趁着黄昏的晚风,直向城中驶进。

之后,凯本逢人便说:"那是我平生最为愉快的一次旅行!"

假如是别人,在那种情形之下,可能会顶着烈日,一边着急一边抱怨车子

怎么不能提早一分钟修好，那么这次旅行就成为了最为痛苦、最为烦恼的一次。而凯本在得知车子不能及早修好时，他选择了自行其乐，如此将这次旅行变成了最愉快的一次。顺其自然、随遇而安的妙处由此可见一斑。

当然，顺其自然、随性而为并非消极的等待，更不是听从命运的摆布。它是一种豁达、简单、自由的心境，就像小草接受风雨阳光，自然地发芽、生长一样；就像小鸟在天空中自由地飞翔一样，不受尘世的任何束缚和约束那样自由自在。

就像电影《阿甘正传》里的阿甘那样——"有一天，我忽然想跑步，于是我就跑了起来。"无论道路多长，他都跑得兴高采烈；无论多少人追随，他都跑得心无旁骛；有一天他不想跑了就转身而去，他也不需管身后有多少人在叽叽喳喳。

拥有这样的心境时，你一定会气场饱满、魅力四射！没有什么不可以，气场本身就在我们的体内。只要你愿意，就一定能够充分地激发出它的全部力量！

05. 别为钱财所累

汤玛士·华生是IBM公司的前总裁，是美国商场上呼风唤雨的大人物，他一心想提高公司利润率，不停地奔波于工作。后来，华生被诊断出罹患心脏病，医生建议他要多注意休息，但他仍然不肯暂置工作。

一段时间后，华生突然旧病复发。医生检查后，严肃要求华生住院。华生一听，如晴天霹雳，他立刻焦躁地说："我们公司可不是小公司啊，我每天要忙个不停，还有忙不完的工作等着我，我怎么能安心住进住院呢！"

医生无奈地看着华生，没有再进行劝说，只是叫华生一起出去散散步，走到郊外的墓地时，医生指着坟墓，轻轻地说："躺在这里的是一个家缠万贯的富翁，我曾多次劝他住院，但是他说自己总有挣不完的钱，等他挣足钱后再来医院时，我给他用了最好的药，动用了最先进的设备，但没能挽回他的生命。"

听完这番话后,华生站在那儿沉默不语,思索良久,他决定住院。第二天,华生便写好了辞职申请,他在医院包了一间屋子,增设了一部电话和一部传真机。在医生的努力下,华生做了心脏手术,并且康复出院,

但是,身体健康的华生并没有回到 IBM 公司继续供职,而是在乡下买了一栋别墅,过起了闲云野鹤的生活,并且致力于慈善事业。"我的工作已经完成了,下半辈子就是想办法把上半辈子赚的钱送给别人。"华生如是说。

当一个人过于看重金钱的时候,他的气场都带有了一股戾气,令人厌烦。更重要的是,这种为钱财所累的人,最终可能会付出生命的代价。看一看那些气场无比宏大的人,无疑都拥有一份淡然的心境,他们永远都不会像巴尔扎克笔下的葛朗台一样,为自己的生命套上一只重重的枷锁,他们在意的是内心的感受,而不是金钱的本身。

比尔·盖茨就是一位气场强大的富翁。他很少关心金钱的问题,也不在意自己股票的涨跌,他将自己的全部资产全部捐给了社会。关于金钱,他认为:"如果你认为拥有享用不尽的金钱,便可享受到常人无人能及的幸福,那你就错了。其实,每当一个人拥有的金钱超过一定数量时,它就只是一种数字化的财产标志而已,简直毫无意义。"

有句古老的拉丁民谚说得好:"当你把金钱当成仆人时,它是个好仆人;而当你把金钱当成主人时,它就是一个坏主人。"的确,金钱够用即可,除了金钱之外,我们还有亲情、爱心、健康、智慧等重要的东西。

伦布的父亲失业后,全家靠吃羊市上卖剩的羊杂碎过活。一天,伦布在一个商场的柜台内看到了一本彩色的小人书,顿时他便发疯般地迷上了它。他赶紧跑回家去央求爸爸给二元钱。爸爸叹了口气说:"二元钱能买半斤羊杂碎呢!"这时,妈妈走过来,说:"给他钱吧,能用这么便宜的价格给孩子买到幸福,值!"那时,伦布就明白,这二元钱所能买到的是比金子还贵重的东西。

气场是幸福的发电机,而懂得享受生活的人更容易获得气场。给自己买一本喜欢的书,给妻子买一件漂亮的衣服,给孩子买一个可爱的小玩具等,虽然花费了很少的钱,却提高了生活的情趣和意义。金钱不是生活中最重要的,幸

福才是最重要的。别为金钱所累,做一个超越金钱的人,让我们的心变得更轻松,将自己塑造得更有气场,把生活过得更幸福!

06. 苦难之中的淡定

王永庆小时候家里十分贫穷,由于他在兄妹中排行老大,从小就担负着繁重的家务。六岁起,每天一大早就起床,赤脚担着水桶,一步步爬上屋后两百多级的小山坡,再赶到山下的水潭里去汲水,然后从原路再挑回家,一天要往返五六趟,十分辛苦。

小学毕业后,为了维持一家人的生计,王永庆没有继续去上初中,而是来到嘉义一家米店当学徒。干了大概一年的时间,父亲见小永庆有独立创业的潜能,就向亲戚朋友借了两百块钱,帮他开了一家米店。

米店虽小,但对于王永庆而言,这是他人生中第一份自己的"产业",所以经营起来特别精心。为了建立客户关系,他用心盘算每家用米的消耗量。当他估计某家的米差不多快吃完的时候,就主动将米送到顾客家里。这种周到的服务一方面确保那些老主顾家里从来不会断米,另一方面也给顾客提供了方便。尤其那些老弱病残的顾客更是感激不尽,自从在王永庆的米店买过米后,就再也没到别家去过。

为增加利润,王永庆减少了从碾米厂进货这一中间环节,添置了碾米设备,自己碾米卖。在王永庆经营米店的同时,他的隔壁有一家日本人经营的碾米厂,一般到了下午五点钟就要停工休息,但王永庆则一直工作到晚上十点半。结果可想而知,日本人的业绩总落后于王永庆。

正是由于从小培养的吃苦耐劳精神,后来在经营台塑企业时,王永庆得心应手。即使遭遇挫折,也能坦然面对。如今的王永庆深有体会地说:"吃得苦中苦方为人上人,我成功的秘诀就是四个字——吃苦耐劳。"

面对苦难,不愿吃苦、不能吃苦、不敢吃苦的人,会紧张、惶恐甚至愤怒,他的气场、是虚浮的,残缺不全的。相反地,能坦然自若地吃苦,把吃苦当做享受的人,他的气场永远是向外扩张的,置身其中的人会明显地感受到那种具有强大传染性的气氛。

我国民间有一个习俗:孩子刚刚生下来时,喂养的不是纯净水,也不是母乳,而是大黄!然后,逐渐喂以甘草汁,最后才进入正常喂食的哺乳过程。这里包含着一定的人生哲理:要想尝到甜,就要先知道苦的滋味,先苦后甜。

海明威曾说:"生活总是让我们遍体鳞伤,但到后来,那些受伤的地方一定会变成我们最强壮的地方。"正在经历的苦难,或许正孕育着未来的希望,或许正是我们应对生存危机的力量。

从某种意义上来说,"苦"是客观存在的,吃苦是一生中无法避免的。苦吃惯了,味蕾便不再觉得苦涩。如果能忍受一般人忍不了的痛,吃一般人吃不了的苦,想一般人想不到的事,坚持一般人坚持不了的信念,那么终会走出困境,享受人生。

乔瑟夫在纽约首屈一指的毛纺织品厂做实习推销员。有一年,一场罕见的大风雪袭击了全纽约。将近中午时,大多数推销员都赶到了弗兰克林街的办公室,争先恐后地集拢到火炉旁,尽兴地聊着天。

而那天下午相当晚了,几乎冻僵了的乔瑟夫,像一个醉汉似的打开办公室的大门,带着一股寒冷刺骨的北风蹒跚着走了进来。

那些聊天的推销员们纷纷笑乔瑟夫的"傻气":"乔瑟夫,外面这么冷,你怎么不早点回办公室呢。瞧!办公室多暖和啊。"

乔瑟夫笑了笑,淡淡地回答,"像这样的大雪,几乎所有人都习惯窝在暖和的屋子里面,不仅竞争对手少,而且很多客户都有空闲时间,我应该更加奋发。我今天拜访了将近70家客户,得到了43件货的订单。"

由于出色的工作表现,乔瑟夫被调升为正式的推销员,薪水也加倍了。乔瑟夫吃苦耐劳的精神感染了很多同事,很快公司的订单接连不断,这家公司从众多的毛纺织品厂中脱颖而出,乔瑟夫也被提拔为市场部经理。

苦与乐相互矛盾，又相互联系。苦是乐的源头，乐是苦的归结。学会了苦中作乐、苦中得乐、苦中享乐，你不需要声张自己所受的任何苦难，只是安静地站在那里，就可以发出一种耀眼的、炫目的气场，让人拜服或崇敬。

07. 学会减法生活

一个年轻人从千里迢迢的山上来到海边，想到一个地方去。他驾一叶轻舟扬帆出海，披恶浪、战狂风。虽经长途跋涉，但还是没能达到自己的目的地。

有一天，他靠岸休息时遇见了一位智者，他问："我是那样的执著、坚强，长期跋涉的辛苦和疲惫难不住我，各种考验也没有能吓到我。我已疲惫到了极点，为什么还到不了我心中的目的地？"

智者看了看他的船问道："你的船里装的都是什么？"年轻人说："它们对我可重要了。第一个箱子里面装的都是我必需的生活用品；第二个箱子装满我路上跌倒时的痛苦，受伤后的哭泣，孤寂时的烦恼；第三个箱子是我一路上搜集的金银珠宝。"

智者听完安详地问道："过了河你是不是要扛着船赶路？"年轻人很惊讶："扛船赶路？它那么沉，我扛得动吗？"智者听完微微一笑，说："过河时，船是有用的，但过了河，就要放下船赶路呀。"

年轻人顿悟，他把第二个箱子丢掉了，顿觉心里像扔掉一块石头一样轻松。赶了一段路，他又把千辛万苦得到的珍宝全部扔到了海里，船轻快了许多，很快就到达了目的地。

一个人的气场受内心的左右。当我们不懂得及时地舍弃那些沉重的没有任何价值的东西，以及心灵不堪的重负，那么气场就会变得非常微弱，还有可能是收缩乃至消退。

世界原本简单，从最初的红黄绿三种原色出发，组合成一个五彩缤纷的世界;人的形成也是从简单开始,即从一个受精卵开始,经过十个月的孕育出生成人。天地间的万事万物都是从简单启程。只不过,随着时间的推移,我们累积的东西越来越多,思想变得复杂了,生活变得沉重了,情绪变得压抑了,气场也变得越来越消极,越来越微弱,甚至成了负的。

有人这样形容过人心:人的心就像一幢新房子,刚搬进去的时候,都想着要把所有的家具和装饰摆在里面,结果到最后却发现这个家摆得像胡同一样,反而没有自己舒服待着的地方。生命之舟需要轻载,人所能选择的不过是自己的本质,当你觉得生活不堪重负,心灵失去自由空间,你将在匆忙喧闹的生活中迷失,找不到真正的自我时,不妨跳出忙碌的圈子,学习用减法生活。

人们都说杨澜是一个成功的女人,在享受事业成功的同时又有那么幸福而美满的家庭。这其中的一条重要法则就是杨澜懂得平衡生活的智慧,会做"人生加减法"。

在职业生涯的前15年,杨澜一直在做加法。做了主持人,她就要求导演能否让自己写台词?写了台词,她就问导演,可不可以自己做一次编辑?做完编辑就问主任,可不可以让自己做一次制片人?做了制片人,她就想自己能不能同时负责几个节目?负责了几个节目后,她又想能不能办个频道?她就这样一直在做加法,加到了创立阳光卫视。

当事业正蒸蒸日上,如日中天时,杨澜又回到了自己原来的主持工作,同时从事更多的社会公益方面的活动。很多人不理解,凭杨澜的知名度和影响力,其发展的潜质和空间很大,还会有更大的成功,为何就不能乘势而上,再创人生辉煌呢?

对此,杨澜解释说:"做完一系列的加法后,我有了冷静的思考,我需要平衡的生活,人生中不可能什么都能要。于是,我开始做减法,把自己定位于一个懂得市场规律的文化人,一个懂得世界交流的文化人。"

减法并不意味着退步,只是合理地化繁为简,关键是要舍弃那些不是你心灵真正需要的东西。找个地方安静地坐着或躺着,让状态变得放松,花点时间思考:"你希望自己的生活是什么样子?""理想生活跟你现在的生活有

什么不同？""你会得到什么？失去什么？对你的意义何在？"……当我们减去生活的旁枝末节越多，保留的主干越清晰，气场就越充足，拥有快乐的可能性也就越大。

08. 不过是从头再来

戴尔·卡耐基事业刚起步的时候，在密苏里州举办了一个成年人教育班，并且陆续在各大城市开设了分部。他花了很多钱做广告宣传，房租、日常用品等办公开销也很大，但一段时间后，他发现数月的辛苦劳动竟然连一分钱都没有赚到。

卡耐基很是苦恼地向家人借钱处理了一些善后的事情后，便整天呆在家里不再外出。因为他害怕别人用同情、怀疑，抑或是幸灾乐祸的眼神看自己。他整日闷闷不乐，神情恍惚，无法将事业继续下去。

这种状态持续了很长一段时间后，他找到了老师乔治·约翰逊。"失败有什么？不过是从头再来！"老师的一句话犹如晴天霹雳，卡耐基的苦恼顿时消失，精神也振作起来，他走出了家门并继续致力于人性问题的研究。

经过一段时间的努力，卡耐基开创并发展出一套独特的融演讲、推销、为人处世、智能开发于一体的成人教育方式。如今，他是美国著名的企业家、教育家和演讲口才艺术家，被誉为"成人教育之父"、"20世纪最伟大的成功学大师"。接受卡耐基教育的人有社会各界人士，其中不乏军政要员，甚至包括几位美国总统。他的著作《沟通的艺术》、《人性的弱点》以及《卡耐基人际关系学》等出版后，立即风靡全球，被誉为"人类出版史上的奇迹"。

每一个人都渴望功成名就、事业有成，但在实现过程中肯定会有数不清的失败。面对失败，有些人除了哭泣、抱怨、悔恨和惋惜外，相当长一段时间难从失败的阴影中解脱出来，一蹶不振，最终一事无成。这是因为，当你为失败自怨自艾时，会直接摧毁原本可以非常耀眼的气场，这一点没有疑问。气场收缩，魅力打折，从而产生了强烈的不自信。即使你无比渴望释放自己的能量，也会由于气场的薄弱而再次错过机会！

有这样一个实验：把跳蚤放在广口瓶中（瓶子高度需要在跳蚤正常跳跃高度范围内），用透明的盖子盖上。这时，跳蚤会跳起来，撞到盖子，而且是一再地撞到盖子，当你注视它们跳起并撞到盖子的时候，你会注意到一个有趣的现象。跳蚤会继续跳，但是不再跳到足以撞到盖子的高度。然后，当我们拿掉盖子，虽然跳蚤继续在跳，但是再也不会跳出广口瓶了。

对于这个实验，我们可以得出的结论就是不断的失败已经让跳蚤失去了跳出去的气场（雄心）。跳蚤失去气场不要紧，大不了在瓶子里生活一辈子，但如果是人失去了气场，那么失去的可能就是一生。

事实上，谁也没能把你打倒，能打倒你的只有你自己，人生的成败全系于自己的抉择。所谓失败，仅仅是失去了这一次达成目标的机会，我们可以败在经验、败在技巧上，但绝不能败在气场上。懂得在失败后毅然地站起来，重整旗鼓、从头再来，这样的人是自信的、最棒的！他们能够释放出一种征服别人眼神和内心的感染力，带领自己一步步走出败局，吸引成功主动靠拢过来！

最伟大的发明家托马斯·爱迪生，对于失败有着自己独特的理解，他说"每个人或多或少都经历过失败，因而失败是一件十分正常的事情。你想要取得成功，就必得以失败为阶梯。换言之，成功包含着失败。"

在研制白炽灯时，爱迪生尝试了上千种材料，均告失败。有人嘲笑他说："你永远不会成功。"爱迪生不为所动，沉下心、坚持废寝忘食地进行研究。他将每一次失败都视为从头开始的机会，而确信自己向成功又迈近了一步。终于，他成功地研制出世界上第一盏电灯，给人类带来了光明。

在爱迪生的发明中，遇到困难最多、耗费时间最长的要算是蓄电池了。他一共花费了 15 年的时间才研制成功，在这个试验中共失败了 5 万多次。当所有人都灰心丧气时，他却乐观地说："我想，'自然'它并不是无情的，它一定不会永远深藏着蓄电池的秘密。"终于，他成功了！他的蓄电池，被用于火车、轮船

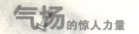

上，成为发电厂的电力，甚至直到今天人们还在使用这种蓄电池。

爱迪生被誉为"光明之父"、"现实中的普罗米修斯"、"发明大王"，他一生共有约两千项创造发明，为人类的文明和进步作出了巨大的贡献。他的名字熠熠生辉地烙印在史册上，经岁月冲洗而不褪色，盛名流传至今。

气场强大的人，从不怀疑自己的勇气，始终相信自己会做到最好，这是一种思维方式、一种生活姿态。当一个人打消自我怀疑的念头时，他还有什么是不可战胜的呢？爱迪生正是因为这样，才最终创造出了非凡的成就。当我们因为失败而气场衰弱时，不妨想想爱迪生在给整个世界带来光明前，那千万次的失败。

真正的勇士，敢于直面淋漓的鲜血和惨淡的人生。华罗庚曾说过："只有在逆境中挣扎过、奋争过的人才可以说无愧于人生。"失败，是一个不断否定与肯定、不断修正和蜕变的过程。从头再来，是我们应该具备的精神基础。

遭遇失败，不要再整日忧心忡忡，不要总强调"我已经失败了"的信息，而是要更多地扪心自问"我学到了什么"、"我下一步应该干什么"等，每一次失败都可以做为考验和提升自身气场的机会。

人生不是你死我活的战场，不必怀着不成功则成仁的决绝。你要做的只是在成功面前表现出自己的最优能力，做出最诚恳的付出，从而逼出内在自我全部的气场。如果你做不到呢？对不起，请先靠边站！